人工智能与机器人丛书

仿 生 机 器 人

主　编　王成端

副主编　李壮成　李孟然

何国田　李　斌

科学出版社

北　京

内 容 简 介

　　仿生机器人是指模仿生物、从事生物特点工作的机器人。本书是为了解答青少年对仿生机器人的困惑，培养青少年对机器人的兴趣和提高青少年的科技创新能力而编写的。本书共 10 章，包括绪论、仿生脑、仿生感官、仿生运动、仿生机器人的能量、水下仿生机器人、地面仿生机器人、空中仿生机器人、仿生机器人的制作和仿生机器人的未来。

　　通过本书的系统讲述，读者可以逐步了解仿生机器人的知识，熟悉仿生机器人的基本制作技能。

　　本书可作为中小学生及机器人爱好者的学习教材，也可作为中小学课外活动和青少年科普活动的辅助资料。

图书在版编目（CIP）数据

　　仿生机器人/王成端主编. —北京：科学出版社，2019.6
　　（人工智能与机器人丛书）
　　ISBN 978-7-03-060422-4

　　Ⅰ. ①仿⋯　　Ⅱ. ①王⋯　　Ⅲ. ①仿生机器人—基本知识　　Ⅳ. ①TP242

　　中国版本图书馆 CIP 数据核字（2019）第 012816 号

责任编辑：邓　静　张丽花　乔丽维 / 责任校对：郭瑞芝
责任印制：张　伟 / 封面设计：迷底书装

科　学　出　版　社 出版
北京东黄城根北街 16 号
邮政编码：100717
http://www.sciencep.com

北京虎彩文化传播有限公司 印刷
科学出版社发行　各地新华书店经销
＊

2019 年 6 月第 一 版　　开本：787×1092　1/16
2019 年 6 月第一次印刷　　印张：10 1/8
字数：200 000

定价：59.00 元
（如有印装质量问题，我社负责调换）

本书编委会

丛书序

制造业是国民经济的主体，是立国之本、兴国之器、强国之基。随着《中国制造2025》制造强国战略的提出，机器人技术作为其中非常重要的一个版块，使得机器人人才的培养受到了广泛关注。近年来，国内高等院校相继开设机器人专业，多所著名高等院校也在自主招生简章中加入了机器人比赛获奖经历的条件。

目前，教育机器人品牌繁多，大部分采用模块化的积木进行搭建，少部分采用金属机器人形式。企业基本都通过校外兴趣培训的方式进行产品推广，同时，通过赞助机器人比赛增加自身品牌的影响力。我国中小学机器人教育主要存在的问题包括：教材缺乏统一的技术层次结构；教具昂贵，缺少规范；学校师资力量不足。

在这样的背景下，重庆机器人学会、达州智能制造产业技术研究院等单位，深入学校和机器人教育相关企业展开调研和技术研讨，精心编写了"人工智能与机器人丛书"。该丛书目前包括《机器人探索》、《仿生机器人》和《智能机器人》，后续出版计划将陆续开展。该丛书面向在校中小学生，根据其年龄特点、认知规律和教育规律，选择青少年易于接受的内容，组织通俗易懂的语言，向读者传播机器人知识，旨在推动机器人科普教育，让机器人教育走进中小学校、进入基础教育的课堂。

该丛书注重科学系统性、内容正确性。机器人学综合性较强，涉及数学、机械制造、自动控制、传感器技术、人工智能、信息技术、计算机科学、电子工程等多门学科和技术。中小学机器人教育的重点是科普而不是研究，但必须坚持科学性，为中小学生提供的知识必须是正确的。为此，我们需要用科学的、通俗的、大众化的语言描述机器人学成熟的技术，并传授给学生，以培养学生的实践能力和创新能力。当然，需要了解机器人技术的非专业人员也可以从中获益。

该丛书内容循序渐进，实用性强。对小学、初中、高中各阶段应该讲授哪些机器人技术知识、如何讲授都做了科学合理的规划，以契合当前中小学教育模式和授课方式的变革。《机器人探索》先介绍机器人的发展历史、机器人的分类和构成等知识，再通过与人类的比较，介绍机器人的大脑、感官、手、脚、语言、能量以及机器人未来的发展方向,该书适于小学高年级阶段的学生阅读学习。《仿生机器人》主要针对初中阶段学生的认知特点,重点介绍仿生机器人,围绕仿生大脑、仿生感官、仿生运动、仿生机器人的能量等知识编写,同时还介绍了水下、地面和空中的仿生机器人,根据初中生所具备的动手能力,编写了仿生机器人的制作内容,提升读者对仿生机器人的学习兴趣。《智能机器人》是为高中学生编写的机器人书籍,包括机器人的语言和编程教学、机器人的大脑、骨骼和心脏等内容,对读者的培养要求有了较大提高,通过该书的学习,可以掌握一定的机器人控制编程能力。

该丛书中的实验内容丰富,对应实验器材易于从市场购得,所包含的机器人实践动手实验适于中小学生操作。

参与该丛书编写的人员包括行业企业带头人、一线教师和科研人员,他们有着丰富的机器人教学和实践经验。该丛书的编写经过了反复研讨、修订和论证,在这里也希望同行专家和读者对该丛书不吝赐教,给予批评指正。我们坚信,在众多有识之士的努力下,该丛书一定会彰显功效,为机器人教育走进课堂打下坚实的基础。

2018 年 10 月

前　言

机器人技术是一门综合性很强的学科，随着机器人应用的普及，迫切需要相关的技术人才，为了加快人才培养，吸引读者对机器人学习的兴趣，快速了解机器人的知识，在基础教育中亟须普及机器人知识，推动机器人科学技术的发展。国内外教育专家指出利用机器人来开展实践学习，不仅有利于学生理解科学、工程学和技术等领域的抽象概念，更有利于培养学生的创新能力、综合设计能力和动手实践能力。因此，机器人技术的基础教育越来越受到人们的关注，它在拓宽学生的知识面、促进学生全面而又富有个性的发展上起着不可替代的作用。

特别地，在课程改革的背景下，从全国基础教育发展现状出发，构建科学、合理、切实可行的中小学机器人课程体系，规范机器人教育，对我国今后机器人教育的蓬勃发展将起到非常重要的作用，并且势在必行。

本书作者长期从事机器人教育工作，积累了丰富的教学经验和大量的技术资料，掌握学生认知规律，为了推动机器人教育的普及，编写了本书。本书取材新颖、内容丰富，具有较强的科普性和较严密的逻辑体系。本书主要介绍仿生机器人，旨在让读者较全面地了解仿生机器人的相关知识。

本书共 10 章。第 1 章讲述仿生机器人的基本概念、结构特点和发展史。第 2 章介绍机器人的仿生脑和动物大脑的工作原理。第 3 章讲述仿生机器人的感官，包括视觉、嗅觉、听觉、触觉等，让读者了解机器人获取外部信息的方法。第 4 章讲述仿生机器人的运动，让读者掌握仿生机器人的运动原理。第 5 章讲述仿生机器人的能源和动力，读者可以由此了解液压驱动和电机驱动机器人的原理。第 6 章到第 8 章分别介绍水下仿生机器人、地面仿生机器人和空中仿生机器人，读者可以了解这三类典型仿生机器人的结构和原理。第 9 章介绍仿生机器人的制作，读者可以根据本章内容自制仿生机器人。第 10 章介绍仿生机器人的未来，读者可以了解仿生机器人的发展前景。

由于作者能力有限，不妥之处在所难免，恳请广大读者批评指正。

作　者
2019 年 1 月

目 录

第1章
绪　论

现实世界中，除了人类还生活着很多其他的物种。这些生物在很多方面比人类要优秀很多，比如狗有灵敏的嗅觉、鹰有敏锐的视力、猎豹有猛烈的爆发力等。虽然人类自身无法在这些特定方面超越它们，但是我们可以关注它们的优势，并制造像它们一样具有优秀技能的机器人，这些机器人可以集中各种物种的优秀能力，为人类所用。

另外，自然界和人类社会中存在一些人类无法到达的地方和可能危及人类生命的特殊场合，如行星表面、矿难现场、防灾救援和反恐等，对这些危险环境的探索和研究，是科学技术发展和人类社会进步的需要。仿生机器人的出现，为这些问题的解决提供了可能。这一章就让我们一起来认识一下仿生机器人吧！

1.1　仿生机器人的基本概念

1.1.1　仿生机器人的由来

众所周知，生物以其多彩多姿的形态和灵巧机敏的动作活跃于自然界中。其中人类灵巧的双手和可以直立行走的双腿是最具灵活特性的，而非人生物的许多机能又是人类无法比拟的，如柔软的象鼻子能卷起树干、蛇可以在任意管道中爬行、小巧的蜻蜓能低空飞翔等。因此，自然界生物的运动行为和某些机能已成为机器人学者进行机器人设计，实现其灵活控制的思考源泉，导致各类仿生机器人不断涌现。如图1-1所示，电子小强声控宠物机器人通过六条腿交替爬行，遇到障碍物时还会自动躲避，当你发出声响时，它会改变方向跑掉。

图 1-1　电子小强声控宠物机器人

?　**想想议议**

　　人类之所以是最高等的动物，不仅因为人类自身有发达的大脑，还因为会仿生。其实人体本身并不高级，好多器官不如其他动物。例如：昆虫会飞，人类不会飞。但人类会想出办法来"飞"，如发明了飞机。为什么说飞机是依昆虫仿造的呢？早期的飞机是双层翼的，这是仿照蜻蜓的双层翼翅膀（图 1-2）。

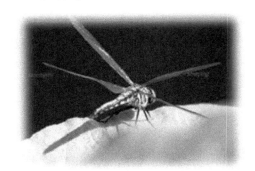

图 1-2　双层翼飞机的机翼灵感来源于蜻蜓的翅膀

　　和朋友们交流讨论：在我们周围的生活中，你都见过哪些东西是从动物身上仿造的呢？

1.1.2　仿生机器人的定义

　　简单地说，仿生机器人就是模仿自然界中生物的外部形状或某些机能的机器人系统。

　　从本质上来讲，仿生机器人就是指利用电、液、光等各种无机元器件和有机功能体相配合所组建的具有高级生命形态特征的机器人。

📖 知识链接

"机器人"的起源

1920年捷克作家卡雷尔·恰佩克发表了科幻剧本《罗萨姆的万能机器人》。在剧本中，恰佩克把捷克语"Robota"写成"Robot"为"机器人"一词命名，"Robota"是捷克语中"奴隶"的意思。该剧预言了机器人的发展对人类社会的悲剧性影响，引起了大家的广泛关注。

在该剧中，最初的机器人按照主人的命令默默地工作，没有感觉和感情，以呆板的方式从事繁重的劳动。后来，罗萨姆公司成功研制出了具有感情的机器人，从而使机器人的应用迅速增加，在工厂和家务劳动中，机器人成了必不可少的"成员"。随后机器人发觉人类十分自私和不公正，终于造反了，而机器人的体能和智能都已非常优异，因此消灭了人类。

但是机器人不知道如何制造它们自己，认为它们自己很快就会灭绝，所以它们开始寻找人类的幸存者，但没有结果。最后，一对感知能力优于其他机器人的男女机器人相爱了，机器人开始进化为人类，世界又起死回生了。

通过该剧，恰佩克提出的是机器人的安全、感知和自我繁殖问题。科学技术的进步很可能会引发人类不希望出现的问题。虽然科幻世界只是一种想象，但人类社会将来也可能面临这种情况。

1.2 仿生机器人的特点、基本结构与分类

1.2.1 仿生机器人的特点

仿生机器人具有下列四个主要特征：

（1）结构复杂。

（2）仿生机器人是近十几年出现的新型机器人。这一学科的理论和思想主要源于仿生学，其目的是研制出具有某些动物特征的机器人。

（3）仿生机器人是仿生学的先进技术与机器人领域的各种应用的最佳结合。

（4）仿生机器人发展的最高阶段既是机器人研究的最初目的，也是机器人发展的最终目标之一。

📖 知识链接

什么是仿生学？

仿生学这个名词来源于希腊文"Bio"，意思是"生命"，它是20世纪60年

代初期出现的一门综合性的新兴边缘学科。

仿生学就是人类通过模仿其他生物的某些功能来创新研究的一门学科。研究对象是生物体的结构、功能和工作原理，并将这些原理移植于人造工程技术中。该学科的问世，大大开阔了人类的技术眼界。

仿生昆虫如图 1-3 所示。

图 1-3　仿生昆虫

1.2.2　仿生机器人的基本结构

科学家研制仿生机器人，实际上是仿照动物去塑造机器人，首先要使仿生机器人具有动物的某些功能、行为，能够胜任人类希望其完成的某种任务，其最高标准应为类人型智能机器人。因此，可与动物的基本结构相对照来研讨仿生机器人的基本结构。

在万物众生中，很多动物都有生动的面孔、能思维的头脑、灵活的肢体和鲜活的心脏。因此，仿生机器人的结构通常由四大部分组成，即传感系统、控制系统、执行机构、驱动系统，如表 1-1 所示。

表 1-1　动物与仿生机器人相对应的重要组成部位

动物	仿生机器人	
感觉器官(皮肤、眼、耳等)	(声音、光等)传感器	传感系统
大脑、神经系统	计算机	控制系统
四肢	轮子、多足等	执行机构
心脏、血液系统	电机、传动系统	驱动系统

1.2.3 仿生机器人的分类

仿生机器人作为机器人技术领域中的一个新兴发展分支，是众多专家和学者的研究热点。对仿生机器人的研究是多方面的，因此出现了功能、形状各异以及工作原理不同的仿生机器人，其分类方法也不同。

从功能上仿生，其目的是使人造的机械具有或能够部分实现高级动物丰富的功能，如思维、感知、运动、操作等。这在智能机器人的研究中具有重大意义。如图 1-4 所示，袋鼠仿生机器人——Bionic Kangaroo（右）可以像真袋鼠一样连续跳跃。

图 1-4　袋鼠及其仿生机器人

从机械结构上仿生，通过研究生物机体的构造，使人造的机械能够建造类似生物体或其一部分的机械装置，通过结构相似实现功能相近。例如，Flex Shape Gripper 是一款机械臂，模仿的是变色龙极具黏性的舌头，可以在工厂流水线上同时处理不同形状的物体，如图 1-5 所示。

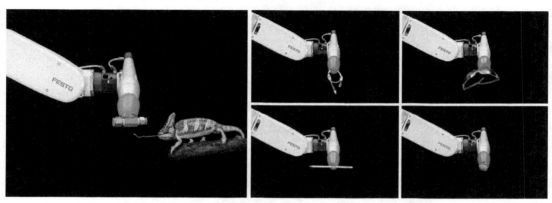

图 1-5　模仿变色龙舌头的机械臂

又如，模仿大象鼻子的机械臂，它可以像大象的鼻子一样灵活地抓取物体，如图 1-6 所示。

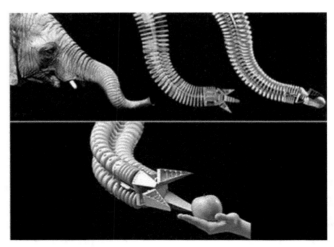

图 1-6　仿象鼻的机械臂

从控制上仿生，分为高级神经系统仿生、低级神经系统仿生、进化机制的仿生等。

例如，作为高级神经系统仿生的仿人机器人"雷克斯"（图 1-7)拥有酷似人类的四肢以及先进的人造胰腺、肾、脾、气管等器官和血液循环系统功能。它有一定程度上的人工智能，能够通过人工耳蜗倾听人们讲话，然后借助语音合成器做出反应。在说话的过程中，他会像人类一样犯错误，如发错某一个单词的读音，随后他也会纠正自己。"雷克斯"可以走路、喝茶、陪人聊天，告诉别人喜欢的时尚品牌，还会唱饶舌歌曲。

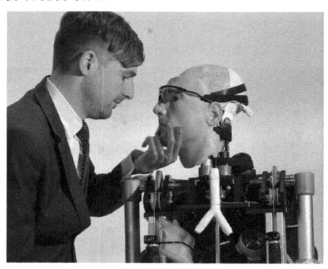

图 1-7　仿人机器人"雷克斯"（右）

仿生机器人的分类方式较多，主要有：

① 按照模仿特性可划分为仿人类肢体和仿非人生物两大类；

② 按照模仿的运动机理、感知机理、控制机理及能量代谢和材料组成的不同，可划分为运动仿生、感知(信息)仿生、控制仿生、能量仿生和材料仿生；

③ 按照空间工作环境的不同又可划分为空中仿生机器人、陆地仿生机器人和水下仿生机器人等。

为便于理解和分析，本书按照第③种划分方法来介绍仿生机器人。

1.2.4　机器人三原则

为了防止机器人伤害人类，科幻作家阿西莫夫于 1940 年提出了"机器人三原则"：

(1)机器人不应伤害人类。

(2)机器人应遵守人类的命令，与第一条违背的命令除外。

(3)机器人应能保护自己，与第一条相抵触者除外。

这是给机器人赋予的伦理性纲领。机器人学术界一直将这三原则作为机器人开发的准则。

? 想想议议

结合阿西莫夫的"机器人三原则"，和朋友们讨论，在现代社会中这三原则是否合理。你还可以制定你认为合理的"机器人三原则"，然后向朋友们阐述。

1.3　仿生机器人的发展史

仿生机器人最早何时出现？古代的仿生机器人是什么样的？现代仿生机器人的基础是什么？又是如何发展的呢？仿生究竟是鹦鹉学舌还是青出于蓝？

1.3.1　古代仿生机器人

人们对仿生机器人的幻想与追求已有 3000 多年的历史。西周时期，中国的能工巧匠偃师就研制出了能歌善舞的伶人，这是中国最早记载的仿生机器人。春秋后期，中国著名的木匠鲁班，在机械方面也是一位发明家，据《墨经》记载，他曾制造过一只木鸢，能在空中飞行"三日不下"，这体现了中国劳动人民的聪明智慧，想象图参见图 1-8。巧匠马钧制造了能击鼓吹箫、跳舞掷剑、缘墙倒立的木人，构造已相当精巧。两晋时期，不同功能的机器人相继出现……

这些机器人，有的已不是玩具，而带有实用价值。

图 1-8　鲁班造木鸢

木牛流马是三国时期蜀汉丞相诸葛亮发明的运输工具，分为木牛与流马，大概样貌如图 1-9 所示。诸葛亮在北伐时使用了木牛流马，其载重量为"一岁粮"，有四百斤以上，每日行程为"特行者数十里，群行三十里"，为蜀国十万大军提供粮食。然而，其确定的方式、样貌现在亦不明，对其亦有不同的解释。

图 1-9　木牛流马

1738 年，法国天才技师雅克・德・沃康松发明了一只机器鸭，它会嘎嘎叫，会游泳和喝水，还会进食和排泄，如图 1-10 所示。沃康松的本意是想把生物的功能加以机械化而进行医学上的分析。

图 1-10 机器鸭

1.3.2 近现代仿生机器人

斗转星移，时至现代。计算机技术飞速发展，现代仿生机器人出现。其理论基础是人工智能，这门学科以计算机技术和机器人技术为基础，综合性强，旨在创造出具有智慧的机器。从机器人的角度来看，仿生机器人是机器人发展的高级阶段。

从 1959 年美国制造出世界上第一台工业机器人起，在半个多世纪的时间里，机器人经历了多个发展阶段。

日本东京大学的中野荣二教授对近代机器人的发展进行了这样的分类：

第一代机器人是 20 世纪 60 年代的示教机器人，其特征是能按照事先教给它们的程序反复执行相同的动作。

第二代机器人是 20 世纪 70 年代具有一定的感觉功能和自适应能力的机器人，其特征是可以根据作业对象的状况改变作业内容，即所谓"知觉判断机器人"，需要传感装置。

第三代机器人是 20 世纪 80 年代的通用组装机器人，是具有学习功能的智能机器人。

第四代机器人是 2000 年以后的机器人，图 1-11 展示了第一代到第三代机器人。

我国也有学者提出生命系统应该具有自繁衍和自适应等其他本质特征，具备这些特征的机器人可直接称为"仿生机器人"阶段。同时将所有古代、近代利用非电子元件或基本的电子元件所制造的结构简单、功能单一的自动化装置归为第零代机器人。这样机器人就分为第零代(原始)机器人、第一代(示教)机器人、第二代(感知)机器人、第三代(智能)机器人和第四代(仿生)机器人，如图 1-12 所示。

  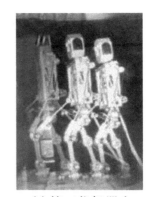

（a）第一代机器人　　　　（b）第二代机器人　　　　（c）第三代机器人

图 1-11　三代机器人

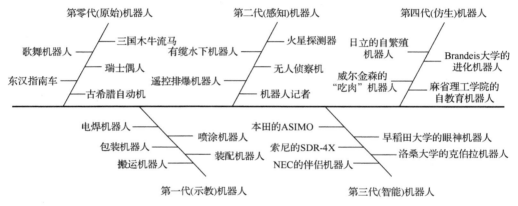

图 1-12　机器人的发展阶段及其典型代表

知识链接

由于仿人型机器人集机械、电子、材料、计算机、控制技术等多门学科于一体，是一个国家高科技实力和发展水平的重要标志，因此世界发达国家都不惜投入巨资进行开发研究。日、美、英等国都在研制仿人型机器人方面做了大量的工作，并已取得突破性的进展。

机器人已发展成为应用科学中的一门独立学科——机器人学。

1954 年，Denavit 和 Hartenberg 提出表达空间杆件几何关系的一般方法，用于理解机器人正运动学。1964 年，Uicker 的博士论文研究了空间杆件的动力学。1976 年，Bolles 开发了机器人编程语言 AL。

想想议议

你希望自己拥有什么样的仿生机器人呢？提出你的愿望，发挥你的想象，写出你希望拥有的仿生机器人的名称和功能，完成下表。

仿生机器人的名称	仿生机器人的功能

1.4 小结与思考

随着机器人作业环境的复杂化，要解决机器人面临的问题必须向自然界学习，从自然界为人类提供的丰富多彩的实例中寻求解决问题的途径，在对自然界生物的学习、模仿、复制和再造的过程中，发现和发展相关的理论及技术方法，使机器人在功能和技术层次上不断提高。仿生机器人在军事、娱乐和服务等方面的重要性毋庸置疑，其相关应用必将成为未来机器人研究的热点。你认为是这样吗？

和朋友们一起讨论，大家都见过什么样特殊的动物，然后回答以下问题：

(1)这些动物的特点是什么？

(2)是否适合模拟这些动物并制作成相应的仿生机器人？

(3)做成的仿生机器人有何特点？

第 2 章
仿 生 脑

麻雀可以搭建错综复杂的巢，蜘蛛可以编织密密麻麻的网……这些独特的本领都是在大脑的支配下完成的。同样，仿生机器人要想完成一系列的动作，也需要靠自己"聪明的大脑"，这一章我们就来学习仿生脑！

2.1 动物大脑

动物大脑是一种神秘而又神奇的器官，它像一台微型生物学计算机，主宰着"主人"的一切思维与行为。动物大脑形态和功能各异，有的仅仅是一个小的神经细胞团，有的则像人类大脑一样结构复杂。如图 2-1 所示，不同动物大脑的大小和位置各不相同。

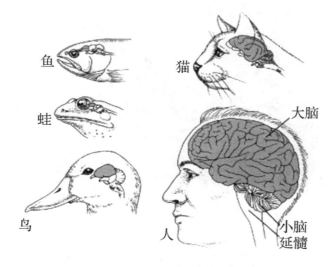

鱼　猫　蛙　鸟　大脑　小脑　延髓　人

图 2-1　不同动物的大脑

仙女蜂是全世界最小的动物之一，体长约 1/4 毫米，仙女蜂的体型比一个单细胞变形虫还要小，但是它的身体拥有一套完整的器官，如：眼睛、大脑、翅膀、肌肉、食道和生殖器等。科学家们发现，这种昆虫的神经系统比其他任何昆虫的神经系统都要小（图 2-2）。当仙女蜂从幼年进入成年时，其脑袋中几乎没有神经细胞再生长，因为它们的头部没有足够的空间。

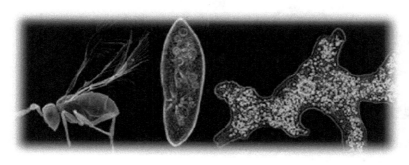

图 2-2　仙女蜂的神经系统

你知道海豚吗？海豚的大脑实际上比人类的还大。瓶鼻海豚（bottlenose dolphin）等鲸类动物甚至有能力识别、记忆和解决问题，使它们成为在动物王国中智力最接近人类的动物。海豚的大脑皮层比人类的更为复杂。研究显示，海豚尤其是瓶鼻海豚的智商很高，它们拥有独特的个性，拥有自我的观念，甚至会为将来做打算。海豚不仅智商高，甚至还有类似人类的心理状况。图 2-3 为海豚在海里遨游的情景。另外，黑猩猩被誉为除了人类以外"最聪明的动物"。图 2-4 为黑猩猩正在用枯草叶捕捉蚂蚁。

图 2-3　海里遨游的海豚

图 2-4　黑猩猩用枯草叶捕捉蚂蚁

? **想想议议**

请你通过网络或查阅书籍，搜索关于动物大脑结构的知识，然后和朋友们交流讨论，看谁讲得更多。

2.2　了解仿生脑

大脑是动物机体最为复杂、神秘的器官。正是因为其神秘，才显得有趣，才引得那么多科学家去探索。那么，仿生机器人的大脑是不是与动物大脑一样呢？下面我们就来了解一下吧！

仿生机器人的"大脑"主要由硬件和软件两部分控制，这里主要介绍仿生机器人控制系统的硬件部分。微处理器就是仿生机器人的大脑。图 2-5 所示为 Spaun 仿生人脑。

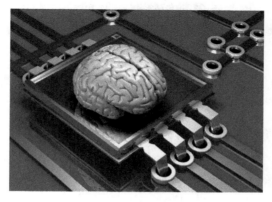

图 2-5　Spaun 仿生人脑

2.2.1　微处理器

在发明电脑以前，机器人可以说没有大脑，机器人只不过是机械手之类的器件，根本谈不上是机器人。电脑的发明使其进化为机器人，机器人的大脑就是一些电子部件——微处理器。图 2-6 为蜘蛛机器人中应用的微处理器。

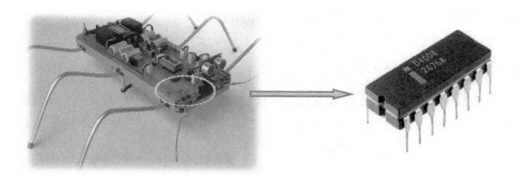

图 2-6　蜘蛛机器人中应用的微处理器

正是这些微处理器控制着机器人的所有动作。微处理器的内部是一个很小的晶片——芯片，里面布满了线路。它们极其微小，在其中穿梭的电子全部按设定的指令有序流动着。

知识链接

微处理器

微型计算机（简称"微机"）的中央处理器简称微处理器。微处理器是微机的运算核心和控制核心，它决定微机的性能，它的规格表示微机的档次。

世界上第一块微处理器芯片，称为 Intel 4004（美国英特尔公司于 1971 年研制）。

演示

用一个开关可以解释微处理器内部是如何进行工作的。一个灯泡可以在开、关之间转换，再来一个灯泡也是如此。这也许看起来有点像游戏，但它却具有现实运用的意义——把红色和绿色的塑料膜片放在灯泡前面，使灯泡成为红绿灯，便可以用它来控制交通了。

类似更复杂些的电路可以构成一组真正的交通信号灯。通过简单的开灯、关灯，就能收到很大的效果。如果两盏灯不够，可以把几盏灯连起来，只不过盏数增多会使转换更复杂一些。

1. 仿生机器人大脑的作用

仿生机器人的大脑也就是机器人组件中的主控器，是机器人的控制中心，它不仅能记忆知识、进行运算、判断逻辑，还能进行简单的联想预测，且能控制、指挥机器人的行为。

2. 仿生机器人大脑的特点

仿生机器人的大脑通常要具备超快的计算速度和超强的记忆能力；它是由机械和电子元件构成的，自己不能思考，不能像动物大脑一样随机应变。

3. 仿生主控器上有各种按钮

仿生主控器上有各种开关按钮、选择程序按钮、程序运行按钮，还有连接各种传感器的输入端口和连接运动器官的输出端口等，如图 2-7 所示。

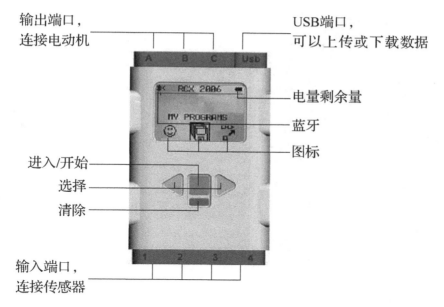

输出端口，连接电动机

USB端口，可以上传或下载数据

电量剩余量

蓝牙

图标

进入/开始

选择

清除

输入端口，连接传感器

图 2-7　RCX 2006 主控器上的各种按钮

RCX 2006 主控器包括如下部件：

(1) 32 位 ARM7 微处理器。

(2) 8 位协处理器。

(3) 256KB 闪存。

(4) 标准蓝牙无线通信。

(5) USB 2.0 全速端口 (12MB/s)。

(6) 4 个输入端口，6 线指状导线。一个端口，包含了 IEC 61158 综合电子控制总线。

(7) 型号 4/EN50170 将来会允许拓展端口使用。

(8) 3 个输出端口，6 线指状导线。

(9) 可编程的液晶显示 (64 像素×100 像素)。

(10) 扬声器：8 千赫兹 (kHz) 的声音质量。声音线路：8 位以及 2～16kHz 的简单比率。

(11) 通过类似乐高的孔条来实现简单快捷搭建。

(12) 可充电的蓄电池盒。

2.2.2　仿生机器人的"思考"

仿生机器人的大脑是如何工作的呢？它是不是像其他动物一样会思考呢？比如一个仿生机器人——更确切地说是一个机器人的手臂在工作：它轻轻地拿起一个鸡蛋，并放进锅里。它不厌其烦地一遍遍重复这个动作。如果不切断电源，它将会像钟表那样无休止地进行下去。

好酷！机器人是如何"指挥"自己的手臂的呢？

当然是通过"思考"之后才有这些动作的，下面我们来看看它是如何"思考"的吧。

仿生机器人的"思考"过程，其实就是电脑通过 USB 端口向机器人主控器中输入机器人的"思维"，这样的"思维"就是机器人要完成的程序，如图 2-8 所示。

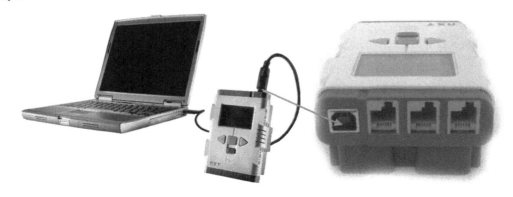

图 2-8　电脑通过 USB 端口向主控器传输程序

2.3 "大脑细胞"

📚知识链接

皇家墨尔本理工大学(RMIT)和加利福尼亚大学的研究人员声称制造出了世界上第一个能模仿人脑模拟过程的电子记忆细胞，而这种设备中使用的忆阻器(也称记忆电阻)是一种电阻值并不恒定的电子元件，其电阻值由先前流过的电流决定。换句话说，忆阻器能够"记住"施加到其上的电流的方向和大小。上次电流关闭后，忆阻器的记忆会保留下来，只要新的电流流过就会留下新的记忆。这样，忆阻器的表现就像是大脑的神经元，其中保留的信息是与输入成比例的，而不是数字计算机那样的 0 和 1。

大脑是人与动物的高级神经中枢，是思维活动的物质载体。微电子技术的发展使人们能够用仿生芯片代替脑部的特定功能区域。如图 2-9 所示，AIBO 机器狗体内有一片极小的芯片，它赋予机器狗一定的智慧，使它会像真狗一样做出各种有趣的动作，如摆尾、打滚……它也能分辨对它的呼唤和责备。在芯片里面，设定了它成长的过程。机器狗也会自己学习，你要是和它相处久了，它会记得你的声音、动作，还有容貌，知道你是"谁"。特别是，如果主人精于计算机编程，还可以为它设计一些新的动作，如挠痒解闷、摇尾乞怜、打滚撒娇等。

图 2-9　AIBO 机器狗

那么，它的大脑功能都有哪些呢？它的面部内置 28 个 4 色(白、红、蓝、绿)发光二极管(LED)，通过闪亮模式来表达高兴与忧伤等感情及状态。此外，还安装了可播放 64 和弦的集成声卡，可以用更加丰富的音响来表达情感；内置了无线局域网的功能，甚至可以通过电脑从网上下载个性化数据，追加专用游戏内容或音乐数据等。

? 想想议议

仿生机器人的"大脑"中除了"记忆细胞"之外，还有很多其他的"神经细胞"，调节这些"细胞"的敏感度对仿生机器人的工作至关重要。就像日常生活中，台灯的亮度需要调节，收音机的音量需要调节，电扇的转速也需要调节……发挥你的想象，你认为应该安装一个什么样的开关来调节仿生机器人的敏感度呢？

2.4 人脑和仿生脑

人脑与仿生脑的区别可以用一个词来形容，那就是复杂性。

知识链接

人机大战

2011 年 2 月 IBM 计算机"沃森"（Watson）在美国热门的电视智力竞赛节目"危险边缘"（Jeopardy！）中战胜了两位人类冠军选手。如图 2-10 所示，在比赛过程中，当主持人读线索时，节目组会以电子内容的形式把这些线索传输给"沃森"，然后这台超级电脑会对接收到的信息进行分析，并做出各种构想，接着搜索所有信息检验构想的正误，得出 5 个最佳答案，并对每个答案设定置信水平，最终决定选用哪个答案。

图 2-10 "沃森"（中）在智力竞赛节目的表现

"沃森"由 90 台 IBM 服务器、360 个计算机芯片驱动器组成，是一个约有 10 台普通冰箱那么大的计算机系统。它拥有 15TB 存储容量、2880 个处理器，每秒可进行 80 万亿次运算(这是目前的情况)。

自此之后，"沃森"不断发展，努力从每一条线索和每一个正确答案中获取信息，变得越来越智慧。IBM 已经投入巨量研发经费，希望利用沃森系统理解自然语言，不断进行交互学习，最终将能媲美世界上最复杂的计算机——人脑。

人脑战胜不了电脑吗？这给人们带来了更深层次的思考。如果电脑在比赛中获胜，所带来的不仅仅是竞技节目中荣誉的归属，更多的是机器与人类之间关系的深层次思考。不过，乐观的人们也看到，人机大战是一场双赢的游戏。从 1997 年，"更深的蓝"击败卡斯帕罗夫一战成名后，IBM 在将其转为商用的过程中大获其利，令人看到了人机大战中蕴含的巨大商机，也许在未来电脑将能读取人脑思维。图 2-11 为 IBM 未来科技发展愿景图。但是近年来，人类在人机大战中的接连失败，更加引起世界范围内的反思：智慧输掉了，人类还剩什么？

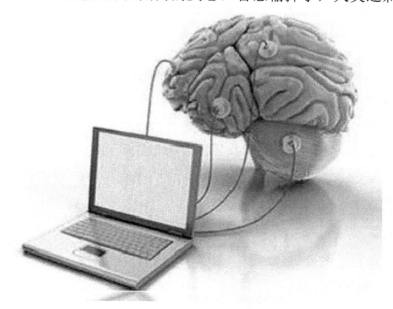

图 2-11　IBM 未来科技发展愿景图

人脑虽小但极为复杂。人脑的重量约 1400 克，然而，却有着上百亿个神经元以及更多更微小的细胞。这些数以千亿计的细胞在一个复杂无比的系统内相互联结着，迄今，我们都还没能解开其中的奥秘。

当今最为精密的电脑也都无法与人脑的复杂性相比。电脑的转换器和元件数量也只是以千计，而非以亿计。另外，电脑的转换器只是一个开关装置，而人脑细胞自身就拥有一个复杂无比的组织结构。

人们常常认为，电脑之所以能够解决问题是因为它们已经被"程序化"了，只能听从人类的指令。但是，不要忘了，动物本身也只是按照"程序"来行事的。在受精卵形成的那一刹那，基因就已经给我们设定了"程序"，动物的潜能从此就受控于这个"程序"。

然而，由于我们的"程序"拥有巨大的复杂性，我们也许更喜欢用创造力来界定"思维"的含义。这里的创造力，是指创作一部好看的戏剧或谱写一部动听的交响乐，以及构思一个伟大的科学理论或影响深远的伦理观念。从这个意义上说，电脑当然不能够思考，但我们中的大多数人也同样不能这样思考。

知识链接

美国犹他州立大学的计算机教授雨果·德·加里斯是世界顶尖级科学家，是全球第一台人工大脑机器的研制者，是世界人工智能领域的先驱者，有"人工大脑之父""人工智能领域的霍金"的美誉。

加里斯认为："人工大脑"迟早会超过人类。人脑的信息转换能力是 10^{16} 次/秒，而人工智能机器的运算速度将有望高达 10^{40} 次/秒，是人脑水平的 10^{24} 倍。加里斯预测，人工大脑并不会立即控制人类，此前还会有一段与人类"和平相处"的时期。这一时期它将不断接近但还不足以超越人类的智力水平，因此"聊天机器人""家务机器人""伴侣机器人"将使人类的生活充满乐趣，但这样的美景并不会长久，人工大脑的继续发展将使人类面临灾难。

换句话说，一旦超越了某个临界点，人工大脑将会取代人类，就会进入一个凡事都讲"复杂性"的时代。因此，在不远的将来，人工大脑也许不仅仅能够复制人脑，而且还可能会超越人脑。

? 想想议议

仿生机器人之所以能够模仿人类和其他动物的行为，是因为它有一个类似于其他动物的"大脑"。发挥你的想象力，和朋友们交流讨论：仿生机器人的大脑应该拥有什么样的能力？能否像人类或动物一样真正思考呢？

2.5 小结与思考

通过这一章的学习，我们了解了仿生机器人的大脑，想知道你学得怎么样吗？让我们来看看下面这些问题，看你是否都能回答。

(1)常见的动物大脑在动物机体中扮演什么角色？

(2)仿生脑是什么？

(3)仿生脑的"脑细胞"有哪些？

(4)随着科技的发展，仿生脑和人脑，孰强孰弱？

第3章
仿生感官

我们都知道,老鹰有敏锐的视力,狗有灵敏的嗅觉和听觉。这些都是自然界赋予动物独有的本领,这也是我们希望在仿生机器人身上实现的。随着机器人在我们生活中的应用越来越广泛,仿生机器人如果拥有这些不同动物的感官,那么在很多危险的情况下它们就可以代替人类提前发觉周围环境中存在的危险。这一章我们就来认识一下仿生机器人的传感系统。

3.1 动物的感官世界

人们眼前的世界是绚烂的,但在一些动物的眼中,人类的目光所及,简直太单调了。比起动物王国里有些动物超群的感官,人类的感官让我们感受到的仅仅是世界的一角。下面就让我们一起进入动物的感官世界,窥探那些我们遗失的美好。

3.1.1 动物的视觉

眼睛是心灵的窗户,动物的视觉器官就是眼睛,它能感受光的刺激,经视神经传至中枢而引起成像。然而,不同动物的眼睛又各有不同。例如,猫头鹰属于夜行动物,它的两眼几乎处在一个平面上,对物体距离的判断十分准确,虽然眼睛几乎不能转动,但它们的头部可以做两百多度的转动,弥补了视野狭窄的不足。而且猫头鹰夜间的视觉敏锐程度是人的 100 倍,如图 3-1 所示。

动物界的"近视眼"这个称号要非蛇莫属了。蛇的眼睛没有眼睑,两只眼睛不能闭合,所以总是睁着一对圆圆的眼睛。蛇的视觉不灵敏,对静止不动的物体极不敏感,几乎视而不见,是名副其实的"睁眼瞎",能看见的只是运动和摇晃的物体。图 3-2 为视力退化的蛇。

图 3-1　视觉敏锐的猫头鹰　　　　图 3-2　视力退化的蛇

❓ 想想议议

观察比较食草动物和食肉动物的眼睛生长部位，它们有什么不同？得出你的结论并和朋友们交流讨论。

✍ 小资料 --

食草动物的眼睛通常长在头的两边，而食肉动物的眼睛长在头的前方。想一想：动物的眼睛这样生长对动物捕食有什么好处呢？

自然界中的很多动物（如牛、马、羊、狗、猫等）都不能分辨颜色，反映到它

们眼睛里的色彩只有黑、白和灰色。还有人类的近亲——猿，也是色盲，它们只能识别灰色。老鼠、田鼠、荒鼠以及草原犬等都不能分辨颜色。

知识链接

我们都知道激烈的西班牙斗牛(图 3-3)，斗牛士用红色的斗篷来激怒牛，所以很多人认为牛看见红色就会愤怒，这是真的吗？

图 3-3　斗牛

其实，牛是名副其实的色盲。曾经有位好奇的动物学家，让斗牛士分别持黑色、白色和绿色等布站到牛的面前，结果牛的表现都如同见到红色的布一样。可见，牛并不是见到红色就会发怒，其实，红色刺激的并不是牛，而恰恰是全场观众，因为红色能引起人兴奋和激动的情绪，可以增强表演的效果。而牛在出场之前，总是被人很长时间地关在牛栏里，变得暴怒不安，再加上斗篷的晃动，它一出场，就恶狠狠地找人报复。因此，在斗牛场上，牛与红色并无关系，使牛生气的并不是那斗篷的颜色，而是那老在眼前晃动的斗篷。斗牛士跑得越快，牛眼中的影像也就摇晃得越快，所以它就死命冲上去。图 3-3 为斗牛时的场景。

3.1.2　动物的听觉

陆游有诗："夜阑卧听风吹雨"；辛弃疾则吟咏"听取蛙声一片"……这些不同的感受，就是听觉赋予我们的。听觉是人和动物具有的与声音感受有关的特殊功能之一。

那么动物是不是也和我们一样能够感觉到周围的声音呢？让我们潜入动物的"耳朵"之中，聆听它们的声音世界。

比较高等的动物都有完整的耳朵结构和发达的听觉，如象、鹿、兔、狐、蝙蝠、海豚等动物甚至能听到人耳无法听到的超声波和次声波。

小资料 -

人类对声音的感觉有一定的频率范围，这个范围是每秒钟振动 20～20000 次，即听觉感知声波的频率范围是 20～20000Hz。如果物体振动频率低于 20Hz 或高于 20000Hz，人耳就听不到了。高于 20000Hz 的声波称为超声波，而低于 20Hz 的声波称为次声波。

- -

夏天的夜晚当人们已进入梦乡时，夜空中却穿梭着许多暗色的、敏捷的小精灵，它们一会儿快速疾飞，一会儿又来了个急转弯，改变了飞行方向。它们不是在夜空中舞蹈，而是为了填饱肚子忙碌。它们的世界其实十分吵闹，只不过人们的耳朵无法体察到。

你猜对了，它们就是蝙蝠！它们中 80% 以上的种类使用一种缜密的技术——回声定位(动物对自身发射声波的回声的分析)来建立周围环境的声音-图像系统，并判断自身在所处环境中的位置。它们用听力代替了视力，在漆黑的夜空捕猎，这是自然界中进化最成功的动物种群之一。如图 3-4 所示，蝙蝠的回声定位和雷达的工作原理相似，事实上，人类发明雷达就是受了蝙蝠的启发。

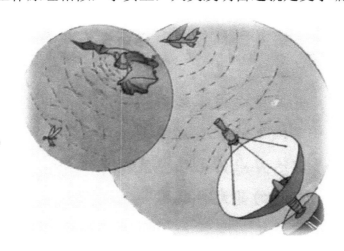

图 3-4　雷达的工作原理和蝙蝠的回声定位

3.1.3　动物的嗅觉

动物的鼻子有哪些作用呢？鼻子是呼吸道的大门，它对空气中的尘埃起着过滤作用，又能对吸进鼻子的空气进行湿润、加热和消毒。经过它处理的空气自然十分适宜动物呼吸。

嗅觉是鼻子的另一个主要功能，嗅觉主要依靠在鼻腔黏膜上分布的嗅觉细胞。这些细胞接触到周围环境中气味物质的分子后便向大脑报告，于是动物就知道这是芬芳的牡丹花，那是烧焦的橡胶……

但有的动物的嗅觉并不是全依靠鼻子。不同动物获取周围环境气味的方法也不同，如图 3-5 所示，马翻一翻嘴唇就能借由犁鼻器获取有关周围环境气味的反馈；蛇缩回分叉的舌头也携带着周围气味的信息，它的口腔上颌有一个敏感的器官，其由两个分布着感觉神经细胞的凹腔组成，它增强了蛇的嗅觉。

图 3-5　马的嘴唇与蛇的舌头

3.1.4　动物的触觉

人们感知世界的主要方式是眼睛、耳朵和鼻子。如果没有这些，我们将怎么去感知周围的世界呢？可以用手去摸吗？所以，触觉是我们感知周围世界的另一种方式。对于很多动物来说，触觉是很灵敏的。触觉的感知对很多动物来说至关重要，甚至超过视觉、听觉、嗅觉。因此，当我们对动物强大的视觉、听觉、嗅觉大为惊叹时，不要忽视了它们同样难得的触觉。

对一只老鼠来说，眼睛远远不如长在鼻子底端的胡须有用。这些胡须比人类的指尖还敏感。它们将信号传送到大脑，信号在大脑中勾勒出周围环境的三维立体图案，为老鼠导航，帮助它们判断是否可以穿过缝隙。胡须还能帮助老鼠发现和辨别食物，以及与可能的配偶交流。很多动物的触觉神经遍布全身，如图 3-6 所示。

图 3-6　动物的触觉器官

在水下，很多鱼类拥有发达的感官系统，能够使鱼类对水压或水流的变化产生警觉。"侧线系统"与鱼类身体等长，它包含了名为神经丘的感受器。这种感受器甚至能探测出轻微的水流振动引起的水压变化。

3.2　认识传感器

通过认知动物的感官，我们知道，动物王国里的感官世界如此丰富多彩，虽然我们不能享受那样的感官世界，但我们可以通过科学的方法得到像动物一样的感官世界，这就是我们接下来要认识的传感器。

3.2.1　什么是传感器

人们为了从外界获取信息，必须借助感觉器官。而单靠自身的感觉器官，在研究自然现象和规律以及生产活动中就远远不够了，需要利用传感器来适应这种情况。传感器是仿生机器人传感系统的核心。图 3-7 展示了生活中常见的传感器。

仿生机器人是由计算机控制的复杂机器，它具有与人或动物的肢体及感官类似的功能，动作程序灵活，有一定程度的智能，在工作时可以不依赖人的操纵。

仿生机器人传感系统在机器人的控制中起了非常重要的作用，正因为有了传感器，机器人才具备了类似动物的知觉功能和反应能力。

（1）"感"——传感器对被测量的对象敏感。

（2）"传"——传送传感器感受的被测量的信息。

光纤传感器 　　光电传感器 　　条码读取器 　　视觉系统

数码显微镜

常见传感产品

安全传感器

图像尺寸测量仪 　　光透过式测量仪器 　　激光位移传感器 　激光刻印机

图 3-7　生活中常见的传感器

有了传感器, 机器人就更聪明了。那么各种传感器相当于机器人的什么器官呢? 在实际生活中你看到过哪些传感器?

知识链接

根据国家标准《传感器通用术语》(GB/T 7665—2005)中对传感器的定义: "能感受被测量并按照一定的规律将其转换成可用信号的器件或装置, 通常由敏

感元件和转换元件组成。其中，敏感元件是指传感器中能直接感受或响应被测量的部分；转换元件是指传感器中将敏感元件感受或响应的被测量转换成适于传输或测量的电信号部分。"

❓ 想想议议

和朋友们交流讨论，将已经认识的几种传感器填在下表中。

传感器名称	作用	日常生活中的应用

📚 知识链接

传感器主要由敏感元件和输出部分组成。

在传感器中包含两个必不可少的概念：一是检测信息，由敏感元件完成；二是能把检测的信息变换成一种与被测量有确定函数关系，而且便于传输和处理的量。例如，传声器（话筒）就是这种传感器，如图 3-8 所示，它能感受声音的强弱并将其转换成相应的电信号；又如，电感式位移传感器能感受位移量的变化，并把它转换成相应的电信号，如图 3-9 所示。

图 3-8　话筒中的声音传感器　　　　图 3-9　电感式位移传感器

现代技术中，我们可以利用一些元件设计电路，使其能够感受诸如力、温度、光、声、化学成分等非电学量，并能把它们按照一定的规律转换为电压、电流等电学量，或转换为电路的通断，我们把这种元件称为传感器，其工作原理如图 3-10 所示。它的优点是：把非电学量转换为电学量以后，就可以很方便地进行测量、传输、处理和控制。

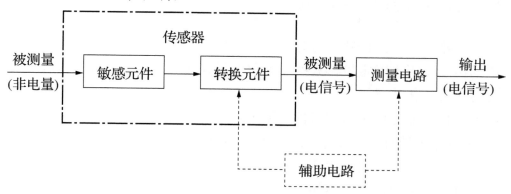

图 3-10 传感器工作原理示意图

 演示

图 3-11 中，盒子的侧面露出一个小灯泡 A，盒外没有开关，当把磁铁 B 放到盒子上面时，灯泡就会发光，把磁铁移开，灯泡熄灭。

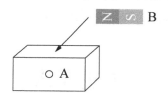

图 3-11 磁铁控制灯泡示意图

请想想：盒子里有怎样的装置才能实现控制呢？其实答案很简单，盒内是一个磁敏传感器——干簧管。

探明原因：当磁体靠近干簧管时，两个由软磁性材料制成的簧片因磁化而相互吸引，电路导通，干簧管起到了开关的作用，如图 3-12 所示。

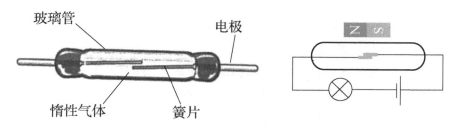

图 3-12 磁敏传感器——干簧管

这个装置反过来还可以让我们通过灯泡的发光情况，感知干簧管周围是否存在磁场。

3.2.2 常用的仿生机器人传感器

仿生机器人常用的传感器可分为内部传感器和外部传感器。

内部传感器用于确定机器人的姿态位置等，如用来测量位移、速度、加速度和应力的通用型传感器。

而外部传感器是用来检测机器人所处环境（如是什么物体、离物体有多远等）及状况（如抓取的物体是否滑落）的传感器。具体可分为物体识别传感器、物体探伤传感器、接近觉传感器、距离传感器、力觉传感器、听觉传感器等。

仿生机器人传感器的特点如下：

(1)对敏感材料的柔性和功能有特定要求。

(2)仿生机器人传感器既包括传感器本身，也包含传感器的信号处理。

(3)它由获取信息和处理信息两部分构成。

(4)获取的信息实时地用于控制，用以决定仿生机器人的行动。

(5)有别于其他种类的传感器，仿生机器人传感器信息收集能力强：既能获取信息，又能紧随环境状态做出相应的大幅度变化。

3.3 仿生机器人的感官

传感器使仿生机器人认识外部环境，它们就像动物的眼睛、鼻子、耳朵和皮肤等器官。传感器将从外界获取的信息转换成电子信号，传递到机器人的微控制器中。下面我们就来看看仿生机器人的"五官"吧！

? 想想议议

你小时候看过《机器猫》吗？机器猫非常灵活，它是小主人公的好朋友。那么它是怎么样让小主人知道它的喜怒哀乐的呢？和朋友们一起讨论并回答下面的问题：

(1)机器人的"表情"部件有哪些？

(2)机器人的"感觉"部件有哪些？

(3)在机器猫身上找一找，看它们都藏在哪里了。

传感器是人类通过仪器探知自然界的触角，它的作用与人的感官类似。如果将计算机视为识别和处理信息的"大脑"，将通信系统比作传递信息的"神经系统"，将执行器比作动物的"肌体"，那么传感器就相当于动物的"五官"。

动物的感觉器官与其对应的传感器：

(1)眼——光敏传感器。

(2)耳——声敏传感器。

(3)鼻——气敏传感器。

(4)舌——味觉传感器。

(5)皮肤——压敏、热敏、湿敏传感器。

3.3.1 仿生眼——光敏传感器

科学家要给仿生机器人装上眼睛，首先要找到一些对光有感觉的材料(如金属铷和铯在光的照射下会产生电流，硫化铅在光的照射下导电能力会增强)，利用它们制成"光电转换器"，再与电脑结合就形成了奇妙的"电子眼"。例如，蜜蜂的复眼有无数个小眼，每个小眼都拥有晶状体和感光神经组织，是自然界的一个奇迹，使蜜蜂能够看到360度全视角的周边环境。美国伊利诺伊大学的研究人员研制了一种"复眼相机"，它由180个透镜构成，每个都与一个单独的光电探测器连接，这种相机将用于无人机空中侦察，如图3-13所示。

图 3-13 仿照蜜蜂复眼做出的"复眼相机"

在德国，工程师们设计了一种仿生蚂蚁(图3-14)，这种蚂蚁底部有光学传感器，可以借助地面的红外线标记进行导航。蚂蚁之间能够相互沟通，并且协调它们的行为动作和运动方向，一个小团体一起，能够推或者拉比自己大得多的物体。

常见的光敏传感器(图3-15)顶部有一个光感应窗。当光线照射光感应窗时，其电阻值减小，通常在几百欧到十兆欧之间变化。

图 3-14　仿生蚂蚁

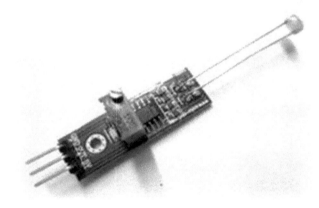

图 3-15　常见的光敏传感器

　　神奇的"电子眼"不但能"看见"可见光,还可以"看见"红外线、紫外线,将它装到飞机或卫星上,能够日夜连续监视地面情况,在农业、气象、环保、城市管理和军事上有特殊的用途。例如,人类观察广阔无垠的宇宙,渴望找到其他有生命的星球,这就需要用太空望远镜代替人类的眼睛来寻找。图 3-16 为哈勃望远镜和它拍摄到的宇宙中的星云。

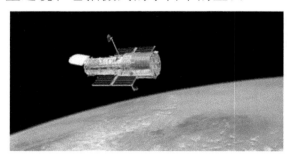

图 3-16　哈勃望远镜和它拍摄到的宇宙中的星云

✏️**实践园**

1. 任何物体都有电阻现象。因光照强弱不同而导致电阻值变化的物体称为光敏电阻。光导电膜就是光敏电阻中的一种。如图 3-17 所示，用万能表测量光敏电阻在不同情况下的电阻值，完成下表。

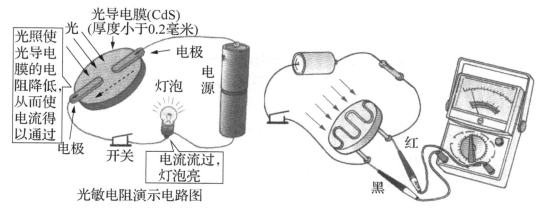

图 3-17　用万能表测量光敏电阻

	手遮盖光敏电阻的受光表面	光敏电阻受光表面暴露在教室的日光灯下	手电筒光照射光敏电阻
开关断开的电阻值			
开关合上的电阻值			

2. 练习用光敏电阻实现计数。

🖥️**知识链接**

就壁虎而言，它的多种器官让科学家们获得发明灵感。除了研究壁虎的足垫以外，科学家们还研究了壁虎的眼睛。壁虎的眼睛中拥有一系列截然不同的中心区，这使它们能够在夜间看清颜色。这种能力很少在其他动物身上发现。壁虎眼睛的中心区分别拥有不同的折射率，这使壁虎的眼睛成为一个多焦点光学系统，不同波段的光线可以同时聚焦于视网膜上。因此，壁虎眼睛的灵敏度比人类的眼睛高出 350 倍，它们可以聚焦不同距离的各种物体。根据这一发现，科学家们可以研制更高效的相机，甚至可能研制出多焦点隐形眼镜。

另外，数码相机是近几年新发展起来的图像捕捉设备，它将所拍摄影像以数字形式保存起来，拍摄的结果(数字化图像)可直接传输到计算机中，它以不使用

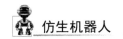

胶卷、采用数字技术处理图像、易存储等优点对传统相机形成了压倒性的优势。

3.3.2 仿生耳——声敏传感器

动物的耳朵为什么能听到声音？原来声音是一种振动波，传到耳中引起鼓膜振动，再经过一系列环节转换为生物电信号经过听神经传送到大脑，动物就可以感知声音了。但是人耳只能听到频率范围为 20～20000Hz 的声音，频率过低的次声波和过高的超声波，人的耳朵是听不到的！

📚知识链接

大自然的许多活动，如地震、火山爆发（图 3-18）、台风、海啸等，都会伴有次声波的产生。次声波传播的距离很远，发生地震、台风、核爆炸时，即使在几百公里以外，使用灵敏的声学仪器也能接收到它们产生的次声波。处理这些信息，可以确定这些活动发生的方位和强度。

图 3-18　火山爆发会产生次声波

蝙蝠通常只在夜间出来活动、觅食。但它们从来不会撞到墙壁或其他物体上，并且能以很高的精度确认目标。它们的这项"绝技"靠的是什么？原来在飞行时，蝙蝠会发出超声波（图 3-19），这些超声波碰到墙壁或其他物体时会反射回来，根据回声到来的方位和时间，蝙蝠可以确定目标位置。

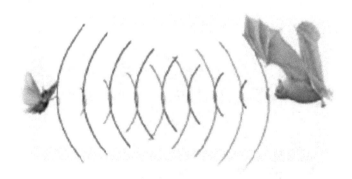

图 3-19　蝙蝠靠超声波发现前方物体

　　蝙蝠采用的方法称为回声定位。现在，采用这个原理制成的超声波导盲仪可以探测前进道路上的障碍物，以帮助盲人出行。

　　有一类天然材料如石英、磷酸二氢钾等，当它们受到压力时会产生电压，仿佛成了一个小电池，压力不同产生的电压高低也不同，这种现象称为"压电效应"。

　　后来人工制成的一些材料，如钛酸钡、钛酸铅、锆钛酸铅、铌酸钡钠等，都有"压电效应"，而且更为灵敏，用手指轻轻敲一下，材料两端竟可产生 100 伏的电压。利用这些材料制成压力传感器，与电脑结合，就成了奇妙的"电子耳"。当声波传来时，由于振动会引起压力的变化，"电子耳"会将振动信号变成相应的电信号传入电脑，这样，仿生机器人就听到外界的声音了。它还能听到人耳听不到的超声波呢！例如，六脚铁甲虫机器人能利用声波传感器在野外运送东西时躲避障碍物，如图 3-20 所示。

图 3-20　声波传感器和六脚铁甲虫机器人

　　海豚是海洋中灵活的动物，它像蝙蝠一样依赖回声定位进行捕食，甚至可以用高声强击晕猎物。北京大学研制出一种海豚水下机器人，它的声呐系统就有超声波传感器，可以用来判断物体的位置，进行深海探测的同时躲避障碍，如图3-21 所示。你能看出这是海豚还是机器人吗？

图 3-21 海豚水下机器人

3.3.3 仿生鼻——气敏传感器

要制造"电子鼻"，必须找到这样的材料：第一要能"呼吸"气体；第二要能随着呼吸气体的不同而改变自己的导电能力。

传统的"电子鼻"体积比较大，使用起来很不方便，而且需要经常校正，否则灵敏度会受到影响。最近，科学家又研制出了微型"电子鼻"（它由最新的纳米技术制成的可以呼吸气体的导电聚合物制成，由这种复杂的导电聚合物制成的微型芯片，大小只有 1 厘米^2，仅需微量电流即可工作），它能够轻便地拿在手中，使用起来非常方便。它比人的鼻子还灵敏，如人的鼻子是闻不到一氧化碳（煤气的重要成分）的，而"电子鼻"却能感觉到。因此，它的用途很广，如图 3-22 和图 3-23 所示。

图 3-22 常见的气敏传感器

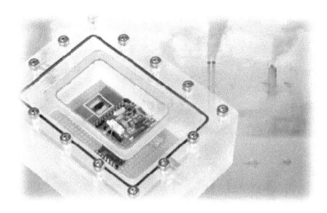

图 3-23 微型"电子鼻"

这种奇妙的物质找到了，像二氧化锡、氧化锌、二氧化钛等，利用它们可以制成气敏传感器——"电子鼻"。

(1)二氧化锡(化学式：SnO_2。分子量：150.71)，白色、淡黄色或淡灰色四方、六方或斜方晶系粉末。熔点 1630℃，沸点 1800℃，同时是一种优质的透明导电材料。它是第一个投入商用的透明导电材料，为了提高其导电性和稳定性，常进行掺杂使用。

(2)氧化锌(化学式：ZnO。分子量：81.39)，白色固体，是锌的一种氧化物，难溶于水，可溶于酸和强碱。

(3)二氧化钛(化学式：TiO_2。分子量：79.87)，白色固体或粉末状的两性氧化物，是一种白色无机颜料，具有无毒、最佳的不透明性、最佳白度和光亮度，被认为是目前世界上性能最好的一种白色颜料。

利用"电子鼻"还可以揭开火星上是否有原始生命的秘密呢！人类发射了宇宙飞船，前去"拜访"遥远的火星。图 3-24 所示的"凤凰号"火星探测器内就装有先进的精密"电子鼻"。在火星表面上，人类的使者——探测器上的"电子鼻"一旦闻到甲烷等有机气体的气味，就会将信号发回地球，意义非常重大，可以揭开火星是否有生命的秘密。

图 3-24 "凤凰号"火星探测器

？ **想想议议**

气敏传感器由金属-氧化物-半导体材料制成，当气味吸附在半导体表面时会导致材料的电阻率发生变化。生活中，交警常用含有气敏传感器的检测器来检测司机是否酒驾(图 3-25)。和朋友们交流讨论：在我们日常生活中，气敏传感器还应用在哪些地方？

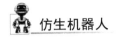
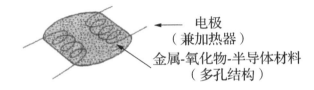

电极
（兼加热器）

金属-氧化物-半导体材料
（多孔结构）

图 3-25　交警常用含有气敏传感器的检测器来检测司机是否酒驾

3.3.4　仿生皮肤——触觉传感器

现代仿生机器人的"皮肤"主要有两方面的感觉：冷热和软硬。科学家研制成功的热敏电阻，就是利用一种本身电阻值随温度变化而变化的材料制成的（大多数是由半导体材料制成的），可以将外界的冷热变化输入电脑，使机器人有了冷热的感觉。

有的高级仿生机器人还装上了"触感器"，能感知物体的形状和软硬（它由三层组成，中间一层尼龙网不导电，底层是密密麻麻的触点，与电脑相连，顶层是有弹性的导电橡胶，内外两层只有在压力作用下才能接触，并由相应的触点向电脑发出电信号，转换成完整的物体形状）。另外，外界压力大小（软硬）不同，触点发出的电信号强度也不同，因此仿生机器人可以感知物体的软硬、粗细程度，从而发出相应的指令。这就是有的仿生机器人能够拿鸡蛋、摘水果、挤牛奶的原因。我国首次研制出用于检测"三维力"的机器人触觉传感器，如图 3-26 所示。

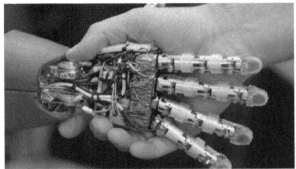

图 3-26　机器人触觉传感器

✏️**实践园**

1. 如图 3-27 所示，用万用电表连接测量点，然后测量热敏电阻的特性并完成下表。

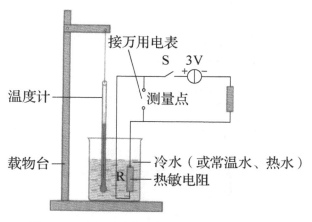

图 3-27　用万用电表测量热敏电阻

参数	冷水	常温水	加 50 毫升热水	再加 50 毫升热水
热敏电阻温度				
开关断开的电阻值				
开关合上的电压值				

2. 请思考：用热敏电阻如何制作过热报警器？说出你的思路并和朋友们交流，对比各自的优缺点。

3.4　小结与思考

通过本章的学习，我们对仿生机器人的传感系统有了初步的认识和了解。下面我们来回顾并回答下面的问题：

(1) 我们常见动物的感官都有哪些呢？

(2) 动物都是怎么利用各自的视觉、听觉、嗅觉和触觉来了解周围环境的呢？

(3) 仿照动物的感官，科学家们研制出了仿生机器人的"感官"——传感器，这些传感器和动物的感官有哪些相似的地方呢？

(4) 你能说出常见的传感器有哪些吗？

(5) 你能将这些传感器和动物的感官对应起来吗？

（6）你知道传感器的工作原理吗？

（7）你觉得机器人传感系统还应该具有什么样的传感器？

> 我不知道世界会怎样看待我，然而我认为自己不过像在海滩上玩耍的男孩，不时地寻找比较光滑的卵石或比较漂亮的贝壳，以此为乐，而我面前，则是一片尚待发现的真理的大海。
>
> ——牛顿

第4章
仿生运动

　　仿生机器人体现了人类长期以来的愿望，即用一种具有动物功能的机器代替人去进行各种活动。

　　仿生机器人有一个功能很强的"大脑"和一组灵敏的"感觉"器官，它不仅可以随着外部环境敏捷地做出反应，还可以与你进行交流。它有听觉、视觉、嗅觉和触觉，还会像人一样使用动作来和外界进行互动。除了这些，仿生机器人还有很强的"运动细胞"。我们知道，大象是马戏团的主角，外表看起来憨厚笨重的大象靠自己的身体完成各种动作。同样，仿生机器人要完成各种要求的动作时也要靠自己的四肢。这一章我们来看看仿生机器人是如何运用自己的四肢来运动的。

?　**想想议议**

　　每年我们都会从空中看到迁徙的鸟群。春天的时候，我们会看到一些蟾蜍急急忙忙地赶往它们的产卵地。动物的迁徙运动堪称"动物界的运动会"。动物的运动需要靠全身很多部位相互配合，同样，要想使仿生机器人运动起来又该靠哪些部位呢？和朋友们讨论交流一下。

4.1 仿生机器人的四肢

动物参加"运动会"需要依靠自身的运动系统,但是运动并不是仅靠运动系统就能完成的。它需要神经系统的控制和调节,需要能量的供应,因此,动物的运动是身体各系统协调配合的结果。同样,仿生机器人的运动结构并不是单独完成动作的,它同样需要其他系统协调完成,这样才能让仿生机器人动起来!

4.1.1 让仿生机器人跑起来

要让仿生机器人像动物一样跑起来,必须依靠仿生机器人的四肢来完成。如图 4-1 所示的便携式履带机器人,它有良好的机动性,在越障、跨沟、攀爬等方面具有明显优势。

图 4-1　便携式履带机器人

当今,陆上仿生机器人的运动方式主要有轮式、履带式、步行、爬行以及蠕动等。到目前为止,轮子依然是仿生机器人中最流行的运动机构,其效率高、制作简单,且其运动速度和方向易于控制。

但在不平地面上行驶时,轮式机器人能耗将大大增加,而在松软地面或严重崎岖的地面上,轮子的作用也将严重丧失,移动效率明显降低。为了改善轮子对松软地面和不平地面的适应能力,履带式运动方式应运而生,但履带式机器人在不平地面上的机动性仍然很差,行驶时机身晃动严重。与轮式、履带式仿生机器人相比,在崎岖的路面上多足仿生机器人具有独特的优越性,在这种背景下,多足步行机器人的研究蓬勃发展。而仿生步行机器人的出现更加显示出步行机器人的优势。

例如，图 4-2 中这个能够"走猫步"的仿生机器人，它的腿部完全模仿猫科动物的腿部形态，每条腿都分为三节，而且它们的比例完全与猫腿相同。肌腱和肌肉则分别用弹簧和转换能量的制动器代替。另外，它具有猫一样瘦小、轻盈且敏捷的特征，能够应用于搜索和救援任务。

图 4-2　机器猫

? 想想议议

保持重心平衡是多足仿生机器人行走的重点问题，图 4-3 所示的机器狗也如此。仿生机器人行走的过程中，能让重心在安全范围内变化，使多足仿生机器人可以保持平衡，稳步前进。和朋友们交流讨论：多足仿生机器人行走过程中怎样保持平衡呢？

图 4-3　机器狗

知识链接

机器人的自由度

自由度是指描述物体运动所需要的独立坐标数。自由物体在空间有 6 个自由度，即 3 个移动自由度和 3 个转动自由度。

就像机器人的手臂一样，其自由度就是手臂的关节数。目前生产中应用的机器人通常具有 4~6 个自由度。例如，要把一个球放到空间某个给定的位置，有 3 个自由度就足够了（图 4-4(a)）。又如，要对某个旋转钻头进行定位与定向，就需要 5 个自由度；这个钻头可表示为某个绕着它的主轴旋转的圆柱体（图 4-4(b)）。

机器人机械手的手臂一般具有 3 个自由度，其他的自由度数为末端执行装置所具有。

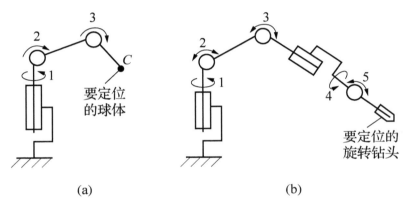

图 4-4　机器人自由度举例

　　从单位符号可以看出重力和质量是两个不同的概念，它们之间的关系服从公式：

$$G = m \times g$$

其中，G 是物体的重力；m 是物体质量；g 为重力加速度，一般取 9.8m/s^2。通常我们所说的重量是指物体的质量。

演示

多足仿生机器人怎样才能像不倒翁一样一直不倒呢？不倒翁又是怎样做到的呢？

原来，它的重心比较低。当将它倾斜以后，它所受的重力与它的着地点之间就产生了一个力矩，这个力矩使不倒翁恢复到原来的状态的运动，所以不倒翁就不停地摇摆起来，不会倒下去。因此，重心降低，稳度也就明显提高了。

那么该怎样找物体的重心呢？

对于质地均匀、外形规则的物体，其重心位于它的几何中心上。但对于形状不规则的物体怎么办呢？我们可以用悬挂法来确定物体的重心。如图 4-5 所示，物体的重心就在 C 点上。

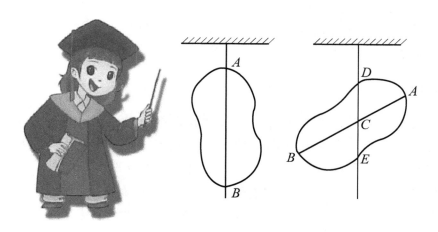

图 4-5　找物体的重心

✏️实践园

制作不倒翁

器材：鸡蛋、胶水、一些重物及装饰物品若干。

制作：在鸡蛋的尖顶端开个小孔，用吸管或其他任何方式将蛋清和蛋黄取出，形成较完整的蛋壳。将小重物放入鸡蛋中，用胶水固定在底部，用装饰品或颜料将鸡蛋外部按喜好装饰即可。

讨论：将其左右压倒时，会有什么现象呢？为什么会有这种现象？

原理解释：不倒翁不会倒，一方面，因为它的结构上轻下重，重心很低；另一方面，当它向一边倾斜时，重心和桌面接触点不在同一条铅垂线上，重力作用会使它摆动回原位置。从杠杆原理来说，不倒翁倒下时，不管支点在哪里，虽然重力的力臂较短，但力矩＝力×力臂，有力矩，不倒翁还是会回复到原来位置。还有就是底部为圆形，摩擦力小，便于不倒翁回到原来位置。

不倒翁精神：做人也要将"重心"放低些，做事更踏实些，当遇到"外力"时，才能顽强"不倒"！

❓ 想想议议

很多动物的运动方式非常有趣，虽然我们知道动物常见的运动方式有游泳、行走或飞行，但是已记录在案的动物运动方式有 30 多种，从蛇的游动到犰狳的滚动再到尺蠖的弓形步前行，方式各不相同，千差万别。虽然人类不能在水面上行走，但很多昆虫和蜥蜴有这种本领。水黾是水上活动的"蚂蚁"，它能携带比自身重 15 倍的东西在水面上跳跃而不会沉入水中。"水上漂的蜥蜴"更是名副其实，它能在水上行走自如。

仿生机器人运动系统的灵感同样来自动物世界，请想想：自然界中的生物都有哪些特别的运动系统？

4.1.2　让仿生机器人飞起来

动物的翅膀具有特殊的生理结构，并且长期自然进化的结果使动物的飞行具有极其复杂的运动模式。目前虽然不能研制出像鸟一样具有复杂飞行模式的飞行机器人，但聪明的科学家们仿照鸟类的飞行模式制造出了可以以假乱真的智能鸟。它的重量只有 450 克，通过头部和尾部的摇摆来改变飞行方向。同时它不仅可以用无线电遥控，也可以自主飞行。图 4-6 所示的智能鸟的设计灵感来源于海鸥。

图 4-6　智能鸟

蜂鸟是世界上最小的鸟类，这款"纳米蜂鸟"无人机也算是它的近亲了。"纳米蜂鸟"无人机的翼展仅 16 厘米，它像真正的小鸟一样，通过拍打翅膀飞行。这种无人机以每小时 11 英里(1 英里=1.6093 千米)的速度飞进和飞出一座建筑物，能够抵御住每小时 5 英里的风，飞行时间持续 8 分钟，如图 4-7 所示。

图 4-7　"纳米蜂鸟"无人机

除了鸟类，还有很多飞行的小昆虫也是激发科学家仿生灵感的来源。蜜蜂机器人(图 4-8)是目前世界上较小的无人机，它采用碳纤维材料制成，重量仅 80 毫克。虽然这款无人机非常小，但它非常有用，可用于搜寻和救护工作，因为它可以钻入坍塌瓦砾的狭小空间。这款微型无人机还可用于监控环境状况，甚至未来用于对农作物进行授粉。基于"头部"顶端金字塔状光敏传感器，蜜蜂机器人可在空中飞行时保持平衡，这是该技术首次应用于微型无人机领域。

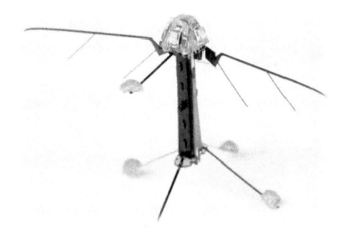

图 4-8　蜜蜂机器人

知识链接

碳纤维(carbon fiber，CF)，是一种含碳量在 95% 以上的高强度、高模量的新型纤维材料。碳纤维"外柔内刚"，质量比金属铝轻，但强度却高于钢铁，并且具有耐腐蚀、高模量的特性，在国防军工和民用方面都是重要材料。它不仅具有碳材料的固有本征特性，还兼具纺织纤维的柔软可加工性，是新一代增强纤维。

碳纤维具有许多优良性能：碳纤维的轴向强度和模量高，密度低、性能高，无蠕变，非氧化环境下耐超高温，耐疲劳性好，比热容及导电性介于非金属和金属之间，热膨胀系数小且具有各向异性，耐腐蚀性好，X 射线透过性好，并具有良好的导电导热性能、电磁屏蔽性等。

4.2 仿生机器人的传动系统

传动系统是仿生机器人的一个重要组成部分，它的作用是把动力部分产生的动力传递到执行部分。仿生机器人速度高、加速度（减速度）特性好、运动平稳、精度高、承载能力大。这在很大程度上取决于传动部件设计的合理性和优劣性。

仿生机器人常用的传动机构主要有齿轮传动（蜗轮蜗杆传动）、带传动、链传动、连杆传动等。

4.2.1 齿轮传动

机器人的驱动电机转速很高，不接变速器时车轮会飞起来。在电机转轴上安装齿轮变速机构，以降低车轮转速。我们常见的是直齿轮传动，直齿轮传动的旋转轴是平行的。例如，微型扑翼飞行器的头部就利用齿轮传动来控制机器人翅膀的扇动频率（图 4-9）。蜻蜓机器人利用齿轮传动实现了哪种能量的转换？

两个平行的传动轴

图 4-9 蜻蜓机器人和齿轮传动

齿轮传动在我们生产生活中应用最为广泛，例如，汽车中的离合器是控制车速至关重要的装置，它的主要零部件就是齿轮，如图 4-10 所示。

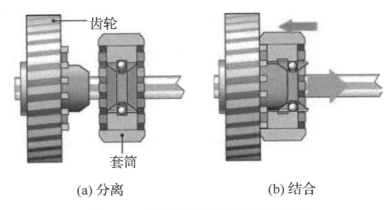

齿轮

套筒

(a) 分离   (b) 结合

图 4-10   齿轮在汽车离合器中的应用

在动物世界，蚱蜢应该算是跳高冠军了。如果给蚱蜢装上这种齿轮又会怎么样呢？瑞士科学家就研发这一种微型双腿可弹跳的机器人，其设计灵感就来自于自然界中被誉为"弹跳高手"——蚱蜢的启发，蚱蜢机器人（图 4-11）可以弹跳超过自身 27 倍的高度，打破了之前机器人创下的弹跳最高纪录。

图 4-11   蚱蜢机器人

蜥蜴不仅能跳而且能跑，想象一下一个可以跑来跳去并在空中摇摆尾巴的蜥蜴机器人是多么有趣。这就是科学家带来的一款带尾巴的仿生机器人（图 4-12），其中不仅包含了仿生传感器，而且利用齿轮来传递动力。它能够像青蛙一样跳跃，也能像蜥蜴一样机动。

图 4-12 带尾巴的仿生机器人

带尾巴的仿生机器人可以使用 3D 打印制造，在平地上可以使用小轮子以 3.66 厘米/秒的速率"跑"。当遇到障碍物时，它会跳起来并摆动尾巴以控制身体角度。它高 7.5 厘米，重 26.5 克，起跳角度为 75 度时，最高可跳约 82 厘米（约是其身体高度的 10 倍）。即使在载重 8 克的情况下，它仍能跳到 69.5 厘米的高度。

除了直齿轮之外，还有一种圆锥齿轮。圆锥齿轮传动的特点是两齿轮的轴线相交，常见的情况是垂直，现在不少的玩具车中为了改变传动轴线的方向，采用了两齿轮轴线也垂直的冠状齿轮与圆柱齿轮的传动形式，如图 4-13 所示。

两个垂直的传动轴

图 4-13 玩具车及其采用的圆锥齿轮

另外，还有一种蜗轮蜗杆传动，如图 4-14 所示，其中轮状零件称为蜗轮，虽然看起来像齿轮，但是其齿形与齿轮是不一样的，杆状的零件称为蜗杆。蜗杆旋转很多圈才能带动蜗轮旋转一圈，并且只能单向传动，即运动只能由蜗杆传递到蜗轮而不能反过来，这种单向传动的特性一般也称为自锁，即当外力想驱使蜗轮转动时，会被蜗杆锁住而无法转动。

图 4-14 蜗轮蜗杆传动

知识链接

蜗轮蜗杆传动装置具有两个主要特点：一是能自锁，即无论蜗轮受到多大的转动力都无法推动蜗杆回转，可以用来防止倒转；二是传动比，蜗杆转一圈，蜗轮只转过一个齿。因此，蜗轮蜗杆传动装置广泛应用于牵引、起重等机械设备中。

如图 4-15 所示，吉他等乐器上部琴弦的紧固装置都设计成蜗杆机构，既可以防止丝弦的松动，保证弹奏时音调的稳定，又可以应用蜗杆机构具有较大传动比的特点来进行琴弦松紧程度的微调。

图 4-15 吉他上的蜗轮蜗杆机构

实践园

活动一：

闹钟的时针、分针、秒针在同一根轴上，都是顺时针方向转动，需要用几个齿轮？怎么组合就能做到呢？

(1) 分组讨论以上问题。

(2) 打开闹钟后盖看一看和自己的想法一样吗？为什么？

(3) 准备齿轮，组装一个钟表。看看哪个小组做得更有新意！

活动二：

把三个大中小不一的齿轮固定在支架上，并让齿轮相互啮合，然后用手分三次拨动其中一个齿轮，观察三个齿轮转动的方向、速度。

可以比较并思考，不同方法组装的齿轮，转动都有什么规律。想想是否和一些玩具中的齿轮相似。

从实验中可以看出，首先，两个相互啮合的齿轮之间的转动方向是相反的。其次，大小齿轮转动的速度也不一样。最后，一个齿轮转动，可带动和它啮合的其他齿轮转动。

总结：

(1) 齿轮组可以传递动力。

(2) 齿轮组能够改变转动的速度。

(3) 齿轮组可以改变转动的方向。

4.2.2 带传动

带传动是利用张紧在带轮上的柔性带进行运动或动力传递的机械传动。根据传动原理的不同，可分为摩擦型带传动和同步带传动(图4-16)两种。摩擦型传

动带根据其截面形状的不同又分为平带、V带(图4-17)和特殊带(多楔带、圆带)等。

图4-16 同步带传动

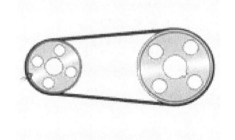

图4-17 V带

带传动，通常要借助一定的张紧度来起作用。它具有结构简单、传动平稳、能缓冲吸振、可以在大轴距和多轴间传递动力，且造价低廉、不需润滑、维护容易等特点。利用带传动的特点，科学家设计出了许多有趣的昆虫机器人。如图4-18所示的六足昆虫机器人就是采用同步带传递动力。这款六足昆虫机器人是由发动机进行动力供给的，运用了力学等原理，同时利用了昆虫弹跳式的行走方式，使其六只机械足可以在快速移动中使整体保持良好的稳定平衡。

图4-18 六足昆虫机器人

4.2.3 链传动

链传动是通过链条将具有特殊齿形的主动链轮的运动和动力传递到具有特殊齿形的从动链轮的一种传动方式。这是我们最常见的一种传动装置，自行车、大型挖掘机，甚至坦克(图4-19)都缺少不了这种传动方式。链传动由三部分组成：主动链轮、从动链轮和链条，如图4-20所示。

图 4-19 坦克的履带就是链传动

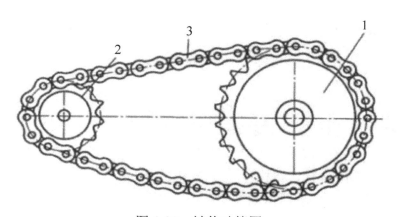

图 4-20 链传动简图

1-主动链轮；2-从动链轮；3-链条

（1）**链传动的优点**：（与带传动相比）无弹性滑动和打滑现象，平均传动比准确，工作可靠，效率高；传递功率大，过载能力强，相同工况下的传动尺寸小；所需张紧力小，作用于轴上的压力小；能在高温、潮湿、多尘、有污染等恶劣环境中工作。

（2）**链传动的缺点**：仅能用于两平行轴间的传动；成本高，易磨损，易伸长，传动平稳性差，运转时会产生附加动载荷、振动、冲击和噪声，不宜用在急速反向的传动中。

用于动力传动的链主要有套筒滚子链（图 4-21（a））和齿形链（图 4-21（b））两种。

(a) 套筒滚子链　　　　　　　　　　　(b) 齿形链

图 4-21　两种不同的链

知识链接

据史料记载，远在公元前 400 年的中国古代就已开始使用齿轮，在我国山西出土的青铜齿轮是迄今发现的最古老的齿轮，作为反映古代科学技术成就的指南车就是以齿轮机构为核心的机械装置。17 世纪末，人们才开始研究能正确传递运动的轮齿形状。18 世纪，欧洲工业革命以后，齿轮转动的应用日益广泛；先是发展摆线齿轮，而后是渐开线齿轮，20 世纪初，渐开线齿轮已在应用中占了优势。

4.2.4　连杆传动

连杆传动利用连杆可以将旋转运动转化为直线运动、往复运动、指定轨迹运动，甚至还可以指定经过轨迹上某点时的速度。连杆传动需要非常巧妙的设计，它是用铰链、滑道的方式，将构件相互连接成的机构，用以实现运动变换和传递动力。图 4-22 为一个二连杆传动装置。

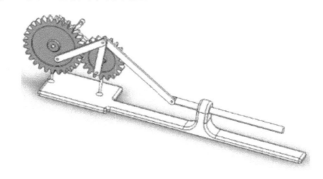

图 4-22　二连杆传动装置

选定其中一个构件作为机架，直接与机架连接的构件称为连架杆，对向的构件称为连杆。能够做整周回转的构件称为曲柄，只能在某一角度范围内摆动的构件称为摇杆。连杆传动在我们生活中的运用很广泛，下面我们就来见识一下。

利用连杆传动原理并根据蝗虫跳跃的仿生学理论，哈尔滨工程大学的同学给我们带来了仿生蝗虫跳跃机器人，如图 4-23 所示。它利用四杆机构对它的后腿运动轨迹进行模拟仿真，再与真实蝗虫跳跃过程进行对比优化，现在它可以实现 1.6 倍体高、3.3 倍展长的跳跃效果。

图 4-23　仿生蝗虫跳跃机器人采用四杆机构

曲柄摇杆机构：二连架杆中一个为曲柄，另一个为摇杆的四杆机构。在曲柄摇杆机构中，当曲柄为主动件时，可将曲柄的连续回转运动转换成摇杆的往复摆动。当摇杆为主动件时，可将摇杆的往复摆动转换成曲柄的连续回转运动，如图 4-24 所示的曲柄摇杆机构。

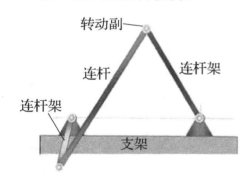

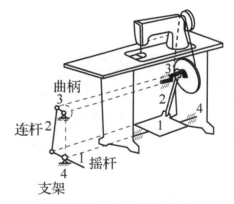

（a）铰链四杆机构　　　　（b）缝纫机之曲柄摇杆机构

图 4-24　曲柄摇杆机构

曲柄滑块机构：某一转动副变形为移动副(引进滑块构件)的四杆机构。在此机构中，曲柄和滑块的任一方均可作为主动件，另一方就为从动件。图 4-25 为曲柄滑块机构在发动机上的应用。在汽车发动机上，活塞就是滑块，就是异化了的一个连杆；而曲柄则是另一连杆；缸体就是支架。

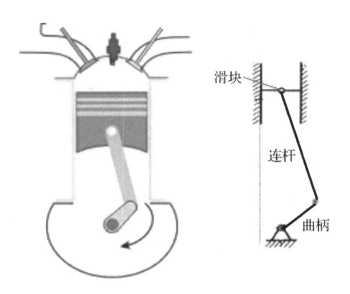

图 4-25　曲柄滑块机构在发动机上的应用

平行四边形双曲柄机构：两对边构件长度相等且平行的双曲柄机构。这种机构的传动特点是主动曲柄和从动曲柄均以相同的角速度转动，而连杆做平动。

逆平行四边形双曲柄机构：两曲柄长度相等，且连杆与机架的长度也相等但不平行。该机构的运动特点是：当主动曲柄做等速转动时，从动曲柄做变速转动，并且转动方向与主动曲柄相反。图 4-26 为平行四边形和逆平行四边形双曲柄机构的应用。

(a) 平行四边形双曲柄机构　　　　　　(b) 逆平行四边形双曲柄机构

图 4-26　平行四边形和逆平行四边形双曲柄机构的应用

实践园

自行车是我们常用的代步工具，但是你知道自行车转动的原理吗？辘轳，在周围生活中见到的可能不多，但它却被广泛用于农业、水资源、水利等建设中。你想知道它们之间的传动和工作状态吗？下面我们就来一探究竟。

实验器材：小轴、立板、滑轮、摇把、棉线、皮筋、插接板、大齿轮、小齿轮、小滑轮、螺母、多孔底座、横轴、砝码挂钩。

(1)组装滑轮，用皮筋把2个滑轮连接起来(保持适当的距离)。转动其中的一个滑轮，观察另一个滑轮的运行，是不是和我们日常生活中见到的皮带轮一样。重复多做几次以上实验，思考齿轮转动和滑轮转动有什么不同和相同之处。

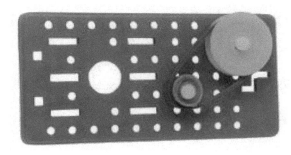

(2)将棉线穿入横轴小孔并打结固定，然后将横轴两头分别插入两片立板的对应孔内(要求松动)，再把两立板插在平台的底板上，并用插接板固定，把摇把固定在横轴上即可。把螺母和砝码挂钩组装成一个砝码，绑在从横轴上垂下来的棉线上，转动摇把，随着棉线在横轴的缠绕，砝码跟着不断上升，这就是辘轳的原理。

提示：安装时不要过度用力以免造成零件损坏。小部件较多，不要丢失零件，要耐心仔细。

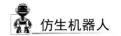

4.3 小结与思考

（1）要让仿生机器人跑起来都需要哪些部位呢？

（2）要让仿生机器人飞起来都需要哪些部位呢？

（3）仿生机器人有哪些传动方式呢？

（4）这些不同的传动方式在我们日常生活中又是运用在哪里呢？能举出例子吗？

第5章
仿生机器人的能量

人类的心脏就像是一个"永动机"，源源不断地给身体提供能量，驱动身体正常完成日常活动。同样的，机器人也有自己的"心脏"——驱动系统，它是机器人的重要组成部分。这一章，我们就来认识一下机器人的驱动系统。

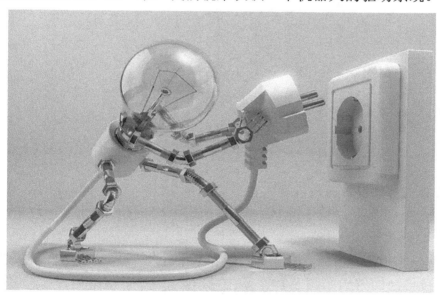

5.1 仿生机器人的能源

? 想想议议

我们都知道，牛需要吃草才能有力气干活儿，帆船需要风力才能在海上航行……这些都是能量以不同的形式相互转换。

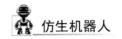

📑 知识链接

什么是能量守恒?

能量既不会凭空产生,也不会凭空消失,只能从一个物体传递给另一个物体,而且能量的形式也可以互相转换。这就是人们对能量的总结,称为能量守恒定律。

能量守恒定律是在 5 个国家、由各种不同职业的 10 余位科学家从不同侧面各自独立发现的,其中迈尔、焦耳、亥姆霍兹是主要贡献者。能量守恒定律是自然科学中最基本的定律之一,它科学地阐明了运动不灭的观点。

詹姆斯·普雷斯科特·焦耳是英国物理学家,由于他在热学、热力学和电方面的贡献,后人为了纪念他,把能量或功的单位命名为"焦耳",简称"焦"。

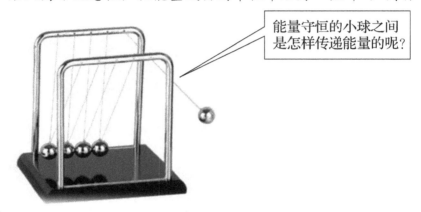

> 能量守恒的小球之间是怎样传递能量的呢?

和其他生物一样,仿生机器人也需要能量才能满足日常作业的需要。但一般仿生机器人不会吃草,也不吃饭,而是"吃电"。很多情况下,机器人会用自带电池来维持能量。

电池是指能将化学能、内能、光能、原子能等形式的能直接转换为电能的装置。常见电池的结构如图 5-1 所示。在化学电池中,根据能否用充电方式恢复电池存储电能的特性,可以分为一次电池(也称原电池)和二次电池(又名蓄电池,俗称可充电电池,可以多次重复使用)两大类。由于需要重复使用,仿生机器人通常采用二次电池。

如前所述,小型仿生机器人由于体积、尺寸、重量的限制,对其采用的电源有各种严格要求。例如,移动机器人通常不能采取线缆供电的方式(除一些管道机器人、水下仿生机器人外),必须采用电池或内燃机供能。如图 5-2 中的六足圆形甲虫机器人利用锂电池供能,要求电池体积小、质量轻、能量密度大,并且要求在各种振动、冲击条件下接近或者达到汽车电池的安全性、可靠性。

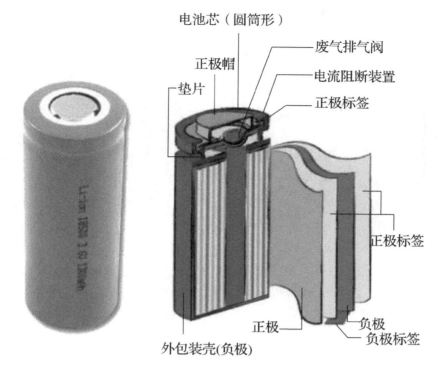

电池芯（圆筒形）

正极帽

垫片

废气排气阀

电流阻断装置

正极标签

正极标签

负极

负极标签

正极

外包装壳(负极)

图 5-1　常见电池的结构

图 5-2　六足圆形甲虫机器人利用锂电池供能

　　上面介绍的化学性电池不仅都有各自的局限性，而且会在一定程度上造成环境污染。为了让仿生机器人获得更好的动力，人们正在研制各种新型电池，包括燃料电池、太阳能电池等。例如，图 5-3 所示的仿生蝙蝠机器人，它有一个安装了太阳能电池板的透明头部，同时还有一对像蝙蝠翅膀一样的飞行翼。仅仅依靠1瓦特的能量，仿生蝙蝠机器人中的相机就可以搜集大量的侦察数据。

图 5-3　仿生蝙蝠机器人及头部的太阳能电池板

知识链接

　　电池里含有汞、铅、镉等多种重金属元素，都是能对自然环境产生巨大威胁的几种物质。其中，汞具有强烈的毒性，对人体中枢神经的破坏力非常大，20世纪 50 年代发生在日本且震惊全球的水俣病就是汞污染造成的；铅元素一旦进入人体，很难被排泄出来，会严重干扰内分泌功能、肾功能和生殖功能，导致神经紊乱、肾炎等多种疾病；镉元素在人体内容易引起慢性中毒，如肺气肿、骨质软化和贫血等，严重者可以致瘫痪。若把废电池混入生活垃圾中一起填埋，久而久之，渗出的重金属可能污染地下水和土壤，进而进入鱼类、农作物中，破坏人类的生态环境，间接威胁到人类的健康。

电池在人们生活中的使用量正在迅速增加，已深入人们生活和工作的每一个角落。我国是电池生产和消费大国，目前年产量达 140 亿枚，占世界总产量的 1/3。如果以全国约 3.6 亿个家庭，每户每年用 10 枚计，消费量已是 36 亿。若加上集团消费，每年"涌现"上百亿枚废旧电池不在话下。这些电池若未得到妥善处理，将直接或间接地危害人们的身体健康。实施并倡导废旧电池分类收集活动被越来越多的人所认识，并得到越来越多的重视、支持和参与。

从我做起，从身边的每一件小事做起，应成为我们每一个人的座右铭。关爱身边环境、参与废旧电池的分类回收利用是每个人的责任和义务。个人的行为也许微不足道，但把我们每个人的力量联合起来，便足以托起一种文明，一种与自然共生的文明，一种可持续发展的文明。

5.2　常见仿生机器人的动力

仿生机器人的动力系统是直接驱使各运动部件动作的机构。准确地说，仿生机器人的驱动系统就是按照电信号的指令，将来自电、液压和气压等各种能源的能量转换成旋转运动、直线运动等方式的机械能的装置。

我们常见仿生机器人的动力系统主要有液压驱动、电机驱动。

? 想想议议

猎豹的奔跑是通过腿部的肌肉来驱动的，大雁利用翅膀来翱翔天空……和朋友们交流讨论：在动物世界，其他动物都是怎样来驱动身体运动的？

5.2.1　液压驱动

众所周知，小狗奔跑打闹时都是通过四肢的肌肉来驱动身体运动的，我国的

"机器狗"也不例外(图 5-4),不过驱动它"肌肉"的是液压驱动系统。它主要用于山地及丘陵地区的物资背负、驮运和安防,可承担运输、侦察或打击任务。另外,在道路设施被破坏较严重的灾害现场也可发挥作用。

(a)

(b)

图 5-4　奔跑的小狗和中国版"机器狗"

液压驱动是首先通过电动机将电能转换为仿生机器人的机械能,然后将电动机供给的机械能转换成油液的压力能,最后油液经过管道及一些控制调节装置等进入油缸,推动活塞杆,从而使仿生机器人的四肢进行收缩、舒张等运动,将油液的压力能转换成机械能。

电能　⟶　机械能（电动机）　⟶　压力能（油液）　⟶　机械能（四肢）

液压驱动的特点如下。

优点：

(1) 容易获得比较大的扭矩和功率。

(2) 减小驱动装置的体积。

(3) 能够实现高速、高精度的位置控制。

(4) 通过流量控制可以实现变速。

缺点：

(1) 必须对油的温度和污染进行控制，稳定性较差。

(2) 有因漏油而发生火灾的危险。

(3) 附属设备占空间较大。

5.2.2　电机驱动

你还记得 2010 年世界杯的"预言帝"——章鱼保罗吗？每次比赛之前，它都会用自己灵活的触角趴在预测胜利一方的国旗上，以此说明自己的判断。章鱼保罗共计做了 14 次预测，正确 13 场，正确率接近 93%，几乎无人能企及这一高度。堪称世界杯最佳"预言帝"。

虽然没有保罗这样的预言能力，但是由上海交通大学研发的具有自主知识产权的"六爪章鱼"救援机器人可进行载人试验(图 5-5)。"六爪章鱼"救援机器人高约 1 米，最大伸展尺寸可达 2 米×2 米，由 18 个电机驱动，通过远程遥控使用，能够灵活地沿各个方向稳定行走，速度可达 1.2 千米/小时，负重达 200 公斤。

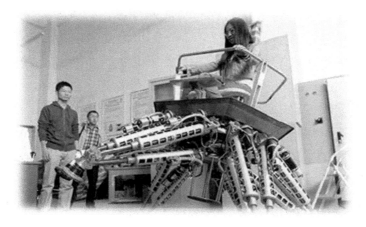

图 5-5　"六爪章鱼"救援机器人的载人试验

电机驱动可分为普通交、直流电机驱动，交、直流伺服电机驱动和步进电机驱动。

普通交、直流电机驱动需加减速装置，输出力矩大，但控制性能差，惯性大，适用于中型或重型机器人。

伺服电机和步进电机的输出力矩相对小，控制性能好，可实现速度和位置的精确控制，适用于中小型机器人。这里我们主要介绍直流伺服电机驱动。

直流伺服电机是智能小车及机器人制作必不可少的组成部分，它的主要作用是为系统提供必需的驱动力，用以实现各种运动。目前市面上的直流伺服电机主要分为普通电机和带动齿轮传动机构的直流减速电机。图 5-6 和图 5-7 分别为日本马步奇高速电机 RS380 及 N20 减速直流电机。

图 5-6　日本马步奇高速电机 RS380

图 5-7　N20 减速直流伺服电机

知识链接

在 20 世纪 80 年代以前，机器人广泛采用永磁式直流伺服电机作为执行机构，近年来，直流伺服电机受到无刷电机的挑战和冲击，但在中小功率的系统中，永磁式直流伺服电机还是常常使用的。

20 世纪 70 年代研制了大惯量宽调速直流电机，尽量提高转矩，改善动态特性，既具有一般直流伺服电机的优点，又具有小惯量直流伺服电机的快速响应性能，易与大惯量负载匹配，能较好地满足伺服驱动的要求，因而在高精度数控机床和工业机器人等机电一体化产品中得到了广泛应用。

如果不考虑速度因素，适合使用减速直流电机的场合很多，如足球机器人和灭火机器人等追求功能而对速度要求不高的场合。图 5-8 为普通减速电机应用于智能小车，此智能小车的传动比通常为几十到几百。

直流伺服电机的特点如下。

优点：启动转矩大，体积小，质量轻，转速易控制，效率高。

缺点：有电刷和换向器，需要定期维修、更换电刷，电机使用寿命短、噪声大。

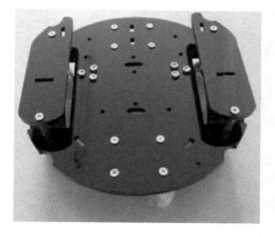

图 5-8　普通减速电机应用

✎ 实践园

风力发电机

干电池不仅电压低，而且电量有限，还会造成严重的环境污染。今天要向大家介绍另一种电流大、电压一般的环保发电机——风力发电机，它是借助风的力量产生电流。

器材：一枝竹竿（长度应高于 2 米），一个边长 5~8 厘米的正方体木块，一些强力胶，一些胶带纸，一个小电机，一个直径大于 18 厘米的螺旋桨，两根各长 2 米以上的电线。

步骤：首先，在正方体木块中心钻一个直径正好容纳竹竿的洞，将木块插在竹竿的一端（如果木块向下滑动，那就在木块下面的竹竿上缠几圈胶带纸或用强力胶固定）。然后，把小电机用强力胶粘在木块的一端，使木块头冲外。接着，将螺旋桨插在小电机上，用两根电线分别接在电机的正负极。最后，在有风的地方将竹竿竖起，螺旋桨就开始转动（图 5-9）。

这时，从那两根电线中就会产生电压和电流，差不多相当于一节五号干电池，足以让一个小灯泡发光，如果再多做几个这样的风力发电机，把它们连接在一起，电压可想而知！

图 5-9　风力发电机模型

5.3　小结与思考

(1)常见的仿生机器人的能源主要是电能。你还能想到其他未来可能用于仿生机器人的能源吗?

(2)常见的仿生机器人的驱动主要有液压驱动和电机驱动。

第6章
水下仿生机器人

人类今天正面临着人口、资源和环境三大难题。随着各国经济的飞速发展和世界人口的不断增加，人类消耗的自然资源越来越多，陆地上的资源正在日益减少。为了生存和发展，人们开始向海洋进军(图 6-1)，向其他星球进军，海上石油的开采正是这一大进军的前哨战。

众所周知，海底世界不仅压力非常大，而且伸手不见五指，环境非常恶劣。无论是沉船打捞、海上救生、光缆铺设，还是资源勘探和开采，一般的设备很难完成。于是人们将目光集中到水下仿生机器人身上，希望通过仿生机器人来解开大海之谜，为人类开拓更广阔的生存空间。

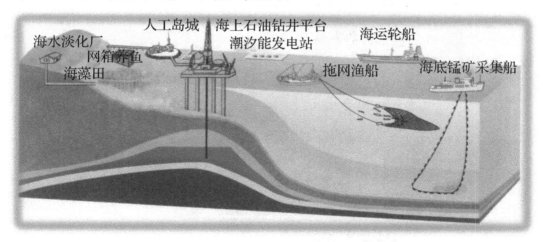

图 6-1　海洋资源开发示意图

6.1　认识水下仿生机器人

水下世界不仅物产丰富，而且精彩美妙，同时也存在很大的危险，这就需要我们的水下仿生机器人出场了。

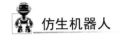仿生机器人

知识链接

1912 年 4 月 15 日，一场震惊世界的大惨案发生了，号称"不沉之船"的当时世界上最大的豪华邮轮"泰坦尼克号"，在其处女航中与冰山相撞，在距纽芬兰 368 海里的地方沉入 3797 米深的海底，1523 名游客及海员遇难，705 人得救。

70 多年后的 1985 年 9 月 1 日，美国伍兹霍尔海洋研究所的罗伯特·巴拉德博士和他的两位同事来到了出事地点，希望能揭开泰坦尼克号沉没之谜。他们乘坐的阿尔文号潜水器重 13801 公斤，最大潜水深度为 4511 米，最大下潜速度为 18~30 米每分钟。阿尔文号带有一台长约 0.71 米的有缆遥控机器人，名为"小杰森"。"小杰森"装有一台高分辨率的摄像机和强大的照明系统，它可以探测从前无法到达的大洋的最深处。

1986 年 7 月，巴拉德博士的小组又回到了这个地方。7 月 13 日，阿尔文号用它的 7 盏灯的明亮灯光照射着北大西洋黑暗的洋底，三位科学家在前进中搜索着，希望能找到可能就在附近的巨大邮轮的蛛丝马迹，水母和鲨鱼不断从阿尔文号的窗口旁游过……

6.1.1 什么是水下仿生机器人

简单来说，水下仿生机器人是一种可在水下移动、使用机械手或其他工具代替或辅助人去完成水下作业任务的装置，如图 6-2 所示为清华大学深圳研究生院研发的仿生机器鱼。

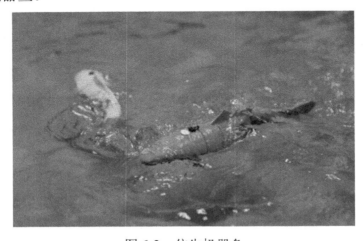

图 6-2　仿生机器鱼

除了鱼类，很多同学喜欢吃龙虾，但如果没有人告诉你下面这个龙虾是机器人，也许它们就成了你的盘中餐。这款机器龙虾（图 6-3）花费了 30 年的时间才设

计完成，它十分灵活，可以巧妙地探测到水下矿藏，还可以查看海水变化，定位并排除水雷。就像真龙虾一样，它也具备两根长长的触须，但它们主要是作为天线来探测环境中的障碍物。

图 6-3　机器龙虾

6.1.2　水下仿生机器人的分类

水下生物的高效率、低噪声、高速度、高机动性等优点，使其成为科学家们研制新型高速、低噪声、机动灵活的水下机器人模仿的对象。

根据其模仿水下生物的运动方式，可将水下仿生机器人分为仿鱼水下机器人、仿多组爬行动物水下机器人和仿蠕虫水下机器人。

还有一些特殊的仿生水下机器人，如图 6-4 中的水母机器人，这种机器人不仅外观极像水母，而且可以和水母一样在水中自由、优雅地游动。这种神奇的水母机器人主要用于在水中侦查和监视舰船与潜水艇、探测化学溢出物以及监测鱼类的迁徙情况。

图 6-4　水母机器人

水下的世界奇妙无比，水下生物更是多如牛毛，据专家统计，目前在深海中仍有三分之一的物种不为人知。在现实生活中，你都见过哪些千奇百怪的水下生物呢？和朋友们交流一下，看谁见得多。

6.2 认识机器鱼

还记得成语"城门失火，殃及池鱼"是什么意思吗？城门失火了，大家都用护城河的水去灭火，水被用完了，池中的鱼类也遭殃了（图 6-5）。但是现在随着科技的发展，科学家手中的"鱼"也在千变万化，它不仅不会因为"城门失火"而遭殃，有些甚至会提前察觉到"失火"的危险。

图 6-5　城门失火，殃及池鱼

你能在水中生活吗？你不能在水中呼吸，鱼可以。你不能在水中吃东西，鱼天天如此。鱼的身体很适合在水中生活，就像你的身体适合在陆地上生活。要想去探索水下神秘世界，我们就需要一些特殊的帮手，例如下面要学习的机器鱼。我们可以利用机器鱼进行海中探宝（图 6-6），让我们一起来认识机器鱼吧！

图 6-6　利用机器鱼进行海中探宝

6.2.1　了解机器鱼

21 世纪是海洋的世纪，科技的不断发展也带动了机器人技术的发展，在海洋的开发和相关领域中运用机器人技术已经变得尤为重要。鱼类作为海洋生物中数量最多的脊椎动物，经历了亿万年的自然选择过程，进化出了非凡的水中生存能力。它们既可以在高速游动中保持最低能量的消耗和高效率，而且由于爆发力很强，又可以瞬间游到很远的地方。机器鱼的灵感也来源于此。

🌊 小资料 -

图 6-7 为鱼的尸体经过亿万年的变动，在高温高压且无氧的条件下，鱼尸体和周围的泥沙一起变成了像石头一样坚硬的"鱼化石"。

图 6-7　鱼化石

仿生机器人

那么，究竟什么是机器鱼呢？机器鱼，顾名思义，外形像鱼一样的机器，可以进行长时间、大范围、较复杂的水下作业，可用于海洋生物考察、海底勘探和海洋救生等许多场合。机器鱼就是现代科技与自然相结合的产物。

想想议议

鱼类之所以是水下世界的主角，是因为它有很多本领，和朋友们交流讨论下面的问题：

(1)你都见过什么样的鱼呢？

(2)它们都有什么特殊的本领呢？

(3)你觉得它们的哪些本领可以用在机器鱼身上呢？

知识链接

世界上第一条真正意义的机器鱼是 1994 年产生于麻省理工学院(MIT)，名为 Robotuna 的机器金枪鱼(图 6-8)。该机器鱼长 1.25 米、宽 0.21 米、高 0.3 米，由 2800 多个零件组成。它由 6 台无刷直流伺服电机驱动，在处理器控制下，通过摆动躯体和尾鳍，游动速度可达 2 米/秒，推进效率可达 91%。

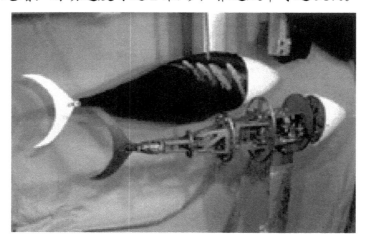

图 6-8　MIT 机器金枪鱼 Robotuna

MIT 的机器金枪鱼的最高版本是 1998 年推出的，如图 6-9 所示，这个新原型拥有柔软的身体，体内只装有 1 台电机及 6 个移动部件，使其能够在更大程度上模拟真实鱼的运动。由于身体完全由一整块柔软的聚合物材料制成，避免了水破坏脆弱内部零件的可能性。由于材料透明，可以完全看到鱼体内部结构。

图 6-9　MIT 最高版本的机器金枪鱼

6.2.2　给机器鱼装个"头脑"

海洋面积约占地球面积的 71%，海洋中蕴藏着丰富的生物资源和矿产资源。要想让机器鱼在广阔的海洋世界里探寻资源，就需要给它安装一个聪明的"大脑"。在机器人技术上，如果机器鱼的"关节"运动由电机完成，"神经"是电缆，那么"大脑"就是计算机。

我们常见的鱼的体型都是流线型，你见过方形的鱼吗？这就是海洋里真实存在的盒子鱼（图 6-10）。这种鱼的特点是身体呈比较规则的类长方体，尾巴退化成细长的扇形。科学家们以盒子鱼作为模仿对象设计出了 Boxfish 仿生机器鱼（图 6-11(a)）。它依靠自己的"大脑"（图 6-11(b)）能完成自主定位、自主通信，甚至自己拿主意。

图 6-10　盒子鱼

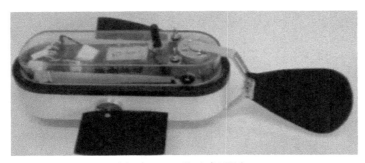

(a) Boxfish 仿生机器鱼

(b) 仿生机器鱼 "大脑" ——
控制模块

图 6-11　Boxfish 仿生机器鱼及其控制模块

　　例如，图 6-12 所示的仿生黑鱼总长约 40 厘米，全身乌黑。流线型设计的鱼身呈瘦长的圆筒状，而橄榄形的头部约占总体长度的三分之一，真像一条活脱脱的"大头版"黑鱼。

　　这条模样搞怪的黑鱼难道是因为营养不良才长得头大身小吗？原来啊，这个"智慧"的大头里暗藏玄机。因为植入头部的控制系统和通信模块是仿生机器鱼的精华所在，它们相当于真鱼的大脑和神经系统，控制着机器鱼的所有运动。当机器鱼接收到从电脑通信模块发出的指令后，它会通过控制电路，把信号传递到机器鱼体的各个关节，从而让机器鱼在水中自如地游起来。

图 6-12　仿生黑鱼

❓ 想想议议

　　"子非鱼，安知鱼之乐？""子非我，安知我不知鱼之乐？"是惠子和庄子的经典问答，"鱼之乐"不仅是因为鱼可以在水中自由自在、无拘无束地生活，更是因为鱼本身的身体特殊构造可以适应水下的生活。查阅资源，想想：高速游动的剑鱼、可在空中滑翔的飞鱼、逆流而上的大马哈鱼等，这些鱼的身体是如何构造的，又是如何适应水下生活的？

> 庄子与惠子游于濠梁之上。庄子曰："鯈鱼出游从容，是鱼之乐也。"惠子曰："子非鱼，安知鱼之乐？"庄子曰："子非我，安知我不知鱼之乐？"惠子曰："我非子，固不知子矣；子固非鱼也，子之不知鱼之乐，全矣！"庄子曰："请循其本。子曰'汝安知鱼乐'云者，既已知吾知之而问我。我知之濠上也。"
>
> ——《庄子·秋水》

6.2.3　机器鱼"跳龙门"

鲤鱼跳龙门（图 6-13）靠的不仅是勇气，还有背后的努力。但要想让机器鱼能像鲤鱼一样跳龙门，只靠勇气和努力是不够的。我们日常生活中所见的鱼大都主要靠尾鳍的摆动来实现自由游动和跳跃，那么，机器鱼又该怎样运动才能像真实的鱼呢？

仿生机器鱼主要是模仿鱼类的外形和运动规律，其目的是实现鱼类高效的游动效率和良好的机动性，所以在仿生方面尤其注意鱼体和鱼鳍的模仿与控制。鱼鳍主要有背鳍、胸鳍、腹鳍、臀鳍和尾鳍，如图 6-14 所示。

鱼类的运动方式主要为波浪式运动，或称游泳。借助连续的肌节收缩与舒张，从头部开始的收缩在身体两侧交替进行，形成波浪式的传递，使收缩波传向尾部，身体则向收缩的一侧弯曲使其成 S 形。收缩在尾部结束，尾部将收缩的力传给水，这个力被水以同等大小、方向相反的反作用力作用于尾部。这个反作用力向前的分力是鱼体向前运动的主要推进力。

图 6-13　古代汉族传说中黄河鲤鱼跳过龙门

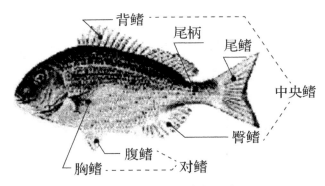

图 6-14　鱼鳍的基本分布

目前大多数仿生机器鱼都采用了摆动推进方式。使用伺服电机经过换向齿轮组换向，带动摆杆摆动，摆杆末端的销轴推动一端固定于机器鱼骨架上，另一端是自由的弹性薄板可做往复摆动。

仿生机器鱼的身体、鱼鳍结构一般采用连杆机构来模仿类似鲤鱼的运动，而其简化的结构可仅由电机带动尾鳍拍动来模仿类似金枪鱼的运动。通过控制鱼体和鱼鳍按照一定的规律进行拍动或波动运动，可在水下产生特定的涡流来产生推力，实现仿生机器鱼的推进。而通过调整鱼体或鱼鳍的姿态和运动规律，可实现仿生机器鱼的转弯、倒退、浮潜等机动运动。如图 6-15 所示的全自主智能仿生机器鱼，可以自主游动、上浮、下潜，能够感知自己所在空间的位置，其整体结构如图 6-16 所示。

图 6-15　全自主智能仿生机器鱼

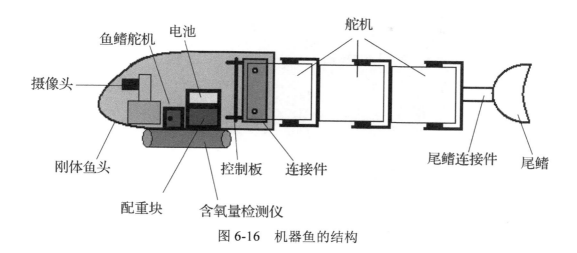

图 6-16　机器鱼的结构

？想想议议

鲨鱼是海洋中最为凶猛的鱼类，至今在地球上已经存在超过五亿年之久。你知道它游动时身体像什么吗？

6.3　多姿多彩的机器鱼

图 6-17 为宝石般的机器鱼，多条类似的机器鱼被部署在西班牙海岸，执行搜寻水中污染物的巡逻任务。

图 6-17　宝石般的机器鱼

　　这种机器鱼身长 4.9 英尺(约合 1.5 米),由英国埃塞克斯大学研制。研究人员在图片所示原型基础上对其进行改进,借助更长的电池寿命以及更为先进的传感器,这样,机器鱼一次能够在西班牙希洪港执行大约 8 小时的探测任务,而后自行游到一家充电站报告并无线传输勘测数据。

　　企鹅只有在寒冷的南极才会出现吗?科学家们研制的机器企鹅像真企鹅一样憨态可掬。图 6-18 展示的机器企鹅能够在无须人类帮助下穿越水池,同时还拥有反向游泳能力,这一点与真实的企鹅截然不同。

图 6-18　机器企鹅

　　图 6-19 展示的是机器金枪鱼,在设计上机器金枪鱼尽可能多地模拟真实的鱼类,它有 40 根肋骨、肌腱以及带有椎骨的节状脊椎,同时装有 6 个发动机,全身零部件数量高达 2800 多个。

图 6-19 机器金枪鱼

6.4 "访问"郑成功战舰水下遗址

知识链接

据史料记载，福建沿海的东山岛是民族英雄郑成功的主要军事基地之一。现在，东山岛还留有大量郑军遗迹。2000 年，在东山岛冬古湾发现了一处古沉船遗址，打捞上来了 4 门铜铳，上面均铸有"国姓爷"的"国"字，证实这是明末清初郑成功部队所使用的武器。根据从沉船遗址中打捞出的"永历通宝"钱币，可初步确定沉船的年代是南明永历年间（即 1647～1661 年）。发现的瓷器经鉴定也是明末清初的青花瓷。打捞上来的东西多数是兵器，证明这是条战船。而当时能在东南沿海雄踞一方的，只有郑成功的舰队。有专家据此推测，冬古湾的古沉船是郑成功的战船。

郑成功水操台遗址

郑成功古战舰遗址水域水下打捞出的火炮

2004 年 8 月，机器鱼最露脸的一次是科学家使用它对福建省东山县海域郑成功古战舰遗址进行了水下考古探测试验，这是我国考古工作者首次利用机器人辅助水下考古工作。

在两天的实际应用中，机器鱼共对 4000 平方米的水域进行了摄像考察，水下工作时间累计约 6 小时，图 6-20 为技术人员正在调试机器鱼。在这次探测中，机器鱼被完全松了绑，只靠岸上科研人员的指令作业。机器鱼体内装了一台摄像机，摄像机镜头对着鱼头的玻璃圆孔。图像信号通过"鱼"身上一条长长的电缆，先被送到浮在水面上的发射器中，再无线传到岸上的图像接收系统。这样，考古人员就可以看到实况转播了。

图 6-20　技术人员正在调试机器鱼

用于这次考古工作的机器鱼是北京航空航天大学研制的机器鱼（图 6-21）。在岸上，技术人员通过一台计算机和一个数字电台把诸如前进、转弯、上浮、下潜的指令传到机器鱼体内的计算机中，计算机则按指令控制机器鱼做出相应的动作。在研究人员的操纵下，机器鱼多次快速、灵活地接近目标，从不同角度进行拍摄录像，供在郑成功古战舰遗址现场进行考古的专家及工作人员考察研究使用。考古工作者对此非常满意。

图 6-21　机器鱼

　　国家博物馆水下考古学研究中心负责人表示，该机器鱼航行速度能满足水下考古探测要求，操作简便，灵活性好，对环境扰动和破坏性小，可以提高工作效率，降低潜水员的风险。

　　机器鱼不仅可用于水下考古、水中摄影、探查狭窄水道、测绘海底地形地貌，还可进行水中养殖和捕捞，并作为水下微小型运载工具，在抢险搜救等工作中发挥重要的作用。

？ 想想议议

　　想象有一种机器鱼，在它的头部装上感应器，碰到垃圾它就会自动张嘴吞食。鱼的体内是一个垃圾焚化炉，焚化垃圾后产生的能量可以供给机器鱼继续搜寻下一个目标。机器鱼外形美观，色彩鲜艳，平时还会浮出水面供人们欣赏。

　　想一想：如果让你制造一种机器鱼，你希望它能有什么功能呢？写下来，然后和朋友们交流讨论。

我想制造一种机器鱼，它可以……

智能的标志不是知识，而是想象！
——阿尔伯特·爱因斯坦

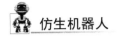

6.5 小结与思考

(1)什么是水下仿生机器人？

(2)水下仿生机器人是怎样分类的？它又分为几类？

(3)什么是仿生机器鱼？

(4)仿生机器鱼主要模仿鱼类的哪些主要特征？

(5)仿生机器鱼的"大脑"主要由哪些功能构成？

? 想想议议

2013 年 10 月，我国自主研制的 6000 米水下无人无缆潜水器"潜龙一号"在东太平洋作业区连续 3 次成功下潜作业，水下作业时间总计将近 30 小时，并首次成功进行夜间下潜，试验性应用工作进展顺利。

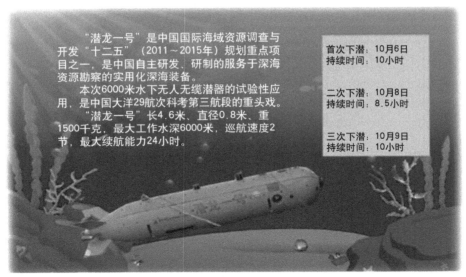

"潜龙一号"是中国国际海域资源调查与开发"十二五"（2011～2015年）规划重点项目之一，是中国自主研发、研制的服务于深海资源勘察的实用化深海装备。

本次6000米水下无人无缆潜器的试验性应用，是中国大洋29航次科考第三航段的重头戏。

"潜龙一号"长4.6米、直径0.8米、重1500千克，最大工作水深6000米，巡航速度2节，最大续航能力24小时。

首次下潜：10月6日
持续时间：10小时

二次下潜：10月8日
持续时间：8.5小时

三次下潜：10月9日
持续时间：10小时

在浩瀚的海洋世界里，还有很多动物拥有优秀的技能，它们是值得我们去研究并仿生的。除了前面介绍的水下仿生机器人之外，你还见过什么样的水下机器人呢？你还能想到什么样的水下机器人呢？另外，水下机器人和其他机器人又有什么区别呢？可以和朋友们分享你的想法。

第7章
地面仿生机器人

大自然不仅赋予人类生命和丰富的自然资源，而且其丰富的生命形态给予了人类无穷无尽的启迪，让人们充分地利用自然和改造自然。这些启迪加上人类的聪明才智使科学技术不断进步，推动人类社会发展。

地面仿生机器人就是大自然给予人类的另一种启迪。地面上的动物多种多样，有背覆金丝"披风"、攀树跳跃的金丝猴，有动作笨拙、憨态可掬的北极熊，还有生性凶猛、霸气十足的老虎……这些动物不仅是人类的朋友，也是人类的老师，地面仿生机器人就是我们学习它们的成果。地面仿生机器人到底都"继承"了动物界哪些动物的本领呢？这一章就让我们一起来学习。

7.1 认识地面仿生机器人

什么是地面仿生机器人？简单地说，地面仿生机器人就是在模仿人类或其他地面动物某些功能的机器人。对于地面仿生机器人的研究，很多国内外的科学家都做出了很大的贡献。

我们都知道，在地面上活动的动物千奇百怪，有千足蜈蚣在地面爬来爬去，也有细长的蛇类蜿蜒前行，还有活蹦乱跳的青蛙藏在草叶下呱呱乱叫……这就使地面仿生机器人也各式各样。目前，我们可以按陆地动物不同的运动方式将地面仿生机器人分为步行仿生机器人、爬行仿生机器人和跳跃仿生机器人。

1. 步行仿生机器人

在中国工业博览会上展出的四足仿生机器人"智慧小象"，它可以代替人工在复杂危险的环境下进行搬运、搜索、探测和援救作业等任务，标志着我国四足仿生机器人迈入国际先进行列。如图 7-1 所示，"智慧小象"可负重 100 公斤，每小时跑 4 公里。

图 7-1 "智慧小象"驮着工作人员行走

2. 爬行仿生机器人

蛇形机器人(图 7-2)是典型的爬行仿生机器人,它可以在一根塑料管道中成功上下,并可以跨越废墟碎片间的狭小空隙以及在草丛中来去自由。让蛇形机器人在坍塌废墟中穿梭,能更快地找到幸存者,为灾难救援工作带来了技术突破。

图 7-2 蛇形机器人

3. 跳跃仿生机器人

在崎岖多障碍的外星表面，跳跃显然是一种理想的行动方式。在低重力环境下，跳跃更是一种高效使用能量的运动方式。机器蛙腿的膝部装有弹簧，能像青蛙那样先弯起腿，再一跃而起。机器蛙（图 7-3）在地球上一跃的最远距离是 2.4 米；而在火星上，由于火星的重力大约为地球的 1/3，机器蛙的跳远成绩可远达 7.2 米，接近人类的跳远世界纪录。因此，它不会像传统的火星越野车那样在一块小石头面前一筹莫展了。

图 7-3　机器蛙

这些小巧玲珑的蛙兵身上都装有小电机、传感器、照相机、小型电脑和太阳能电池极。比起以前的探测车，使用它们要经济得多，因此一旦远征火星，将可重兵列阵前往，一次派出七八名或十几名蛙兵"勇士"，它们可以相互通信联络，协同战斗。那时，外星大地上将是"蛙声片片"，即使有几名"勇士"伤亡，也不会造成整片探测网全军覆没。

7.2 仿　生　蛇

在绝大多数人眼中，蛇是一种可怕的动物，甚至有很多人不愿意提及或看到这种动物。例如，伊索寓言中农夫和蛇的故事等，无不反映出蛇阴险和可怕的一面。《农夫和蛇》（图 7-4）的故事告诉人们，做人一定要分清善恶，只能把援助之手伸向善良的人；对那些恶人即使仁至义尽，他们的本性也是不会改变的。

图 7-4 《农夫和蛇》插画

当然，它本身与众不同的移动方式，也使人们产生恐慌和害怕，从而避而远之。其实蛇从某些方面而言，是非常有益于人类的动物，它可以消灭老鼠等害虫，而且对整个生态平衡起着至关重要的作用。下面我们就来认识蛇形机器人在人类社会是怎样发光发热的吧！

7.2.1 认识蛇形机器人

蛇(图 7-5)是爬行动物中较庞大的一类，它在自然界中有着很漫长的进化历史，种类繁多，分布广泛，蛇大部分是陆生，也有半树栖、半水栖和水栖的。蛇能进行多种运动以适应不同的生活环境(沙漠、水池、陆地、树林等)，蛇形机器人就是在这种仿生背景下诞生了。

图 7-5 蛇

蛇形机器人，又称机器蛇。它是一种能够模仿生物蛇运动的新型仿生机器人。由于它能像生物蛇一样实现"无肢运动"，因而被国际机器人业界称为"最富于现实感的机器人"。

近年来，仿生机器人学正在机器人领域占有越来越重要的地位。对于障碍物众多、凹凸不平以及狭窄地形等环境，类似蛇形的仿生机器人有较大的运动优势，可以满足多种用途。

随着机器人技术的发展，发达国家都十分重视蛇形机器人的研制和开发。日本是最早开展蛇形机器人研究的国家，东京科技大学于 1972 年研制出世界上第一个蛇形机器人，如图 7-6 所示，其速度可达 40 厘米/秒。现今，各国蛇形机器人的种类越来越多，有的可以送餐送物，有的可以穿越复杂地形搜救和摄像，有的可以喷水灭火，有的可以在工业制造中发射激光切割金属……它们能在一些复杂地形行走时如履平地，动作十分灵活，另外还具有探测、侦察等多种功能。

图 7-6　日本蛇形机器人

想想议议

很多人对蛇产生恐惧，谈蛇色变，你害怕蛇吗？和朋友们交流讨论：蛇和其他动物相比有哪些特别之处呢？你觉得蛇形机器人应该模仿蛇的什么本领呢？

7.2.2　蛇形机器人的"大脑"

我们都知道，动物的大脑一般都在其头部位置，通常我们见到蛇的头部都呈扁平状，它的大脑就在这个小小的头部里，并向身体不同部位发送"指令"。那么，蛇形机器人的"大脑"又该是什么样子的呢？是不是也是在头部呢？下面我们就来认识各式各样蛇形机器人的"大脑"。

和其他仿生机器人一样，蛇形机器人的"大脑"也采用微型控制器来协调控制身体的运动。但是不同于其他仿生机器人的是，很多蛇形机器人的"大脑"可能位于蛇形机器人的头部，与每一个模块中的微型控制器协同工作，再通过金属线将每个模块与其相邻的模块连接在一起，建立一个可以整体工作的"大脑"。这也源于自然界中蛇本身的特殊构造，蛇形机器人的微型控制器存在于其身体的各个关节上。

如图 7-7 中的蛇形机器人，它由三节组成，每节都有一个控制模板（图 7-8），当遇到障碍物时，三个微型控制器会协调工作，通过扭动身体躲开或越过障碍物。头部的数码相机还可捕捉前方不同方向的画面，远处的操作者就可以根据机器人捕捉到的画面反映的具体情况实时地发出不同的指令，让机器人停止、前进和改变方向。由于蛇形机器人还装有红外线照相机，因此与夜行动物一样，在黑暗的地方它也能清晰地发现前方的目标。

图 7-7　另一种蛇形机器人

图 7-8　蛇形机器人的控制模板

蛇形机器人用于救灾现场，可搜索埋在瓦砾下的幸存者。过去搜索幸存者的机器人多为有线控制，在救灾现场使用很不方便。现在的蛇形机器人是无线遥控的，可避免这种缺点。另外，它还可以防水，即使浑身湿透，也能坚持工作。

　　除了上面那种"大脑遍布全身"的设计之外，还有一种蛇形机器人的"大脑"在机器人的末端，如图 7-9 所示。这种蛇形机器人可应用于军事和民用航空领域，以及用于核电站放射线区域的安全性检查，它足够柔韧，能够到达其他机械装置无法抵达的区域并受可移动的铰链控制，在其另一端可装配各种工具，如相机、探照灯、切割装置甚至刷子等。

图 7-9　一端连接控制器的蛇形机器人

　　有的蛇形机器人除了在陆地上活动外，还可以在太空中帮助人类呢！它能蜿蜒前进、爬入小洞，将来可以去寻找外星世界的水源。另外，绕着管子爬来爬去而不会翻倒也是它的本事。用于太空的蛇形机器人还会思考，且具有孙悟空般的分身术，在必要时，会让自己的身体像火车车厢一样分成若干小节，互相替代或独立行动。

　　这种太空机器蛇与真蛇有些类似，如图 7-10 所示。它也有蛇脑，不过这个蛇脑是一个微型电脑。它还有神经系统，即用细长的金属线控制身躯的各个部位。另外，就像真蛇的舌头能嗅出周围空气变化那样，太空蛇形机器人也可以用传感器侦察前进路上的各种障碍，以调整对策。

图 7-10　可用于太空的蛇形机器人

7.2.3 没脚也能跑

蛇，是爬行动物中较庞大的一类，在地球上约有 3000 多种。它们的求生能力强，是天生的狩猎好手，而有时它也会潜藏在某些阴暗角落，等待时机，突袭猎物。它们身体细长，行走时没有腿的限制，在地上、水中、树上都能灵活自如地运动。

蛇没有脚，怎么能爬行呢？

实际上，蛇不仅能爬行，还爬得相当快呢！

🔖 **小资料**

在人们的印象里，蛇似乎是爬得很快的，所以有"蜈蚣百足，行不如蛇"的说法。其实大多数种类的蛇，每小时只能爬行 8 千米左右，和人步行的速度差不多。但也有爬行较快的，如身体细长的花条蛇每小时能爬行 10～15 千米，而爬行最快的恐怕要属非洲一种称为曼巴的毒蛇了，每小时可爬行 15～24 千米，但是它们只能在短时间内爬得这样快，不能长时间以这种速度爬行。因此，即使遇到会追人的毒蛇，人也是来得及避开的。人们之所以有蛇跑得很快的印象，那是因为一刹那间蛇的爬行速度确实比较快，尤其是蛇受惊逃走的那一瞬间。

花条蛇

非洲黑曼巴蛇

蛇形机器人不但能够根据地形规划行走路线，动作上还有很大的自由度，机动性高，动作灵活，拥有多种步态行走方式。更重要的是，这种机器人长得像蛇，能穿过狭窄的或者人和普通机器无法到达的地方，穿越障碍物以及游泳、爬树等。

蛇形搜救机器人专门针对有限的空间，如倒塌的建筑或发生事故的煤矿等，救援人员可以随身携带以协助搜救。它们可以游泳、翻越篱笆墙，还可以爬竿、穿越草地、飞越灌木丛等。另外，蛇形搜救机器人还可以帮助考古学家去钻山洞，既作为探索工具，又把人类对古迹的破坏减少到最小。如图 7-11 所示，蛇形机器人通过体内的动力或"蛇皮"运动来前进。

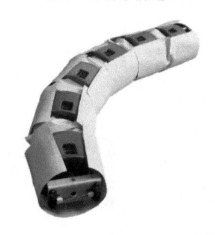

图 7-11　靠"蛇皮"运动的蛇形机器人

如图 7-12 所示，蛇形机器人的独特功能之一就是像蛇一样爬树。要想让蛇形机器人像真正的蛇一样蜿蜒运动，除了外表像蛇还不够，还需要能像蛇一样灵活地动起来，它不同于传统的轮式机器人或足式机器人，实现了类似于生物蛇的"无肢运动"。蛇形机器人运动起来需要很多器官，下面我们就来认识一下吧。

图 7-12　蛇形机器人

电机——伺服电机就像现成的玩具电机一样，用于移动蛇形机器人每个模块关节中的不同部位。每个电机都将受微处理器发出的信号控制，如图 7-13 所示。

图 7-13　蛇形机器人的电机

轮子——每个蛇形机器人模块都配有一个轮子。轮子并非专门用于移动蛇形机器人，它只是让机器人的移动更容易，如图 7-14 所示。

图 7-14　蛇形机器人的轮子

？想想议议

通过上面的内容，我们初步了解了蛇形机器人，那么，你觉得蛇形机器人和其他机器人或其他仿生机器人有什么不一样的地方呢？和朋友们交流讨论，看谁知道得多。

齿轮——与电子设备协同工作，通过齿轮可实现"铰链"的移动。蛇形机器人通过它可以在地面上盘绕、缠绕和缓慢爬行或缠绕在物体上。

连杆——当一个部分开始移动时，这些连杆将拉动和带动邻近的部分一起移动，如图 7-15 所示。

图 7-15　蛇形机器人关节连接处的齿轮和连杆

　　蛇是一种特殊的动物，它可以进入大多数其他动物无法进入的裂缝和缝隙中。由于没有坚硬的骨骼和肢体，它可以扭曲身体进入极小的洞穴中、缠绕在树枝上，或者是在笨重的岩石上滑行。蛇所具有的弯曲特性正是新型机器人——行星探测器(称为蛇形机器人)的灵感来源。

　　至 1964 年以来，美国国家航空航天局(NASA)已经发射了 10 个机器人探测器经过火星、进入火星轨道或者着陆在火星表面进行探测。不远的将来，蛇形机器人将为科学家带来全新的火星地貌，它们可以钻进火星的松散土壤中，并探测其他机器人探测器无法到达的深度，还能滑进行星表面的裂缝中。火星表面地形未知，蛇形机器人可以在崎岖陡峭的地形上爬行，而这种地形有可能会让轮式机器人在行进过程中陷入困境或翻倒。

　　图 7-16 所示的蛇形机器人与曾经用于航天任务中的任何机器人探测器都不相同。为了让这种蛇形机器人模仿生物蛇的移动，设计师们采用了一些特殊的设计，如多节设计。多节机器人是一种可以改变自己的形状来执行不同任务的机器人。该蛇形机器人的主体部分由约 30 个类似于铰链的相同模块连接而成。这些模块由一个"中心脊骨"连接在一起，共同实现不同的功能。这种蛇形机器人的框架由聚碳酸酯材料制成，表面将覆盖一层人工皮以防止太空环境的侵害。

图 7-16　NASA 蛇形机器人

大家希望这种蛇形机器人能比其他任何已发射到外星上进行勘测工作的探测器都更耐用，而且更便宜。

知识链接

角响尾蛇生活在美国西南部的沙质荒漠中。行进前，它会自然地将身体分成均匀的几段，摆成曲线状。移动时，它抬高头颈一节，均匀收缩肌肉，将这一节

横向挪到身体一侧，其他节段则保持不动，紧紧"抓"住地面，然后一节交替一节，直至整个身体都横向挪走。这种独特的侧行方式增加了其身体表面与沙粒之间的接触，使打滑的可能性最小化，保证角响尾蛇能快速攀越沙丘、捕获猎物。

美国卡耐基-梅隆大学的研究人员从中得到灵感，他们研制出一种新的机器蛇，长约 94 厘米，直径约 5 厘米，由 17 段铝制材料和 16 个铝合金关节连接而成，内置电动机、电子芯片和传感器，可以爬上 20° 倾斜角的松软沙丘。这对早年研制的蛇形机器人来说是个大突破，因为原来的蛇形机器人连攀爬 10° 倾斜角的沙丘都很困难。目前研究者正试图让机器蛇爬得更高、更灵活，这样它就能在坍塌结构中搜索生命迹象，或者在沙漠救援中一显身手啦！

蛇形机器人除了具有超强的观察能力，还需要有应对地形挑战的能力。科学家正在开发多种行走步态，使机器蛇可以克服障碍。步态，其实就是一套动作控制系统，就像马跑动时，脚踝、膝盖和臀部都要用力一样。机器蛇在移动之前要在体内进行一番动作协调，针对不同地形迈出相应的步态以越过障碍物。机器蛇通常是通过履带式"蛇皮"或内部形状改变提供向前的动力，可以线性前进，也可以爬坡、翻越障碍等，还能够左右摆动前进，这样就可以在水中游泳了。如图 7-17 所示，蛇形机器人通过左右摇摆身体来游泳。

图 7-17 游泳的机器蛇

7.2.4 "火眼金睛"的蛇形机器人

在一些较平的路上，蛇形机器人会采取蜿蜒运动的方式；在狭窄空间，它会采取伸缩运动的方式；在沙漠地带，它会采取侧向运动。它之所以能够采取这些运动，与它身体内和皮肤上的传感器是分不开的。机器蛇的"金属肋骨"框架中包含应变传感器(图 7-18)，这些传感器将显示"蛇"是否接触到其他物体，以及所接触物体的位置和硬度。这些传感器能够帮助它识别这种地面的特性。它在识别地面特性以后，就会采取与这个地面相适应的一些步伐来运动。

图 7-18 "金属肋骨"框架内包含应变传感器

要想让蛇形机器人征服复杂的地形，最理想的情况莫过于给它们加装传感器或激光，即时绘出前方地形进而决定移动的方式，正如我们用眼睛和其他感觉器官指引行动一样。科学家就给他们的机器蛇安装了超声波感受器、摄像机以及光感设备，如图 7-19 所示。这样，机器蛇可以准确地"看到"面前的道路状况，"趋利避害"，并做出相应的行动计划。

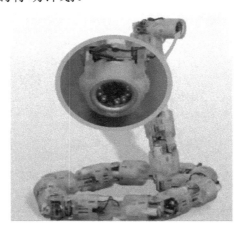

图 7-19　头部安装摄像头和 LED

除了钻地游泳，机器蛇还有什么用途呢？让我们发挥想象力。例如，帮助医生做心脏手术。其实，"蛇医生"早就开始了自己出诊的工作。如图 7-20 所示的蛇形机器人的外科手术版本，被称为 Flex System。与最初的机器人相同，手术版蛇形机器人弯曲的身体由连接的几部分组成，每一段跟随前面一段移动。该机器人的最前端是一个高清摄像头（内窥镜）、LED 灯以及可以适应第三方手术工具的端口（为抓取或切除人体组织服务）。机器人的运动由摄像机实时反馈，通过一个外部操纵杆手动控制。

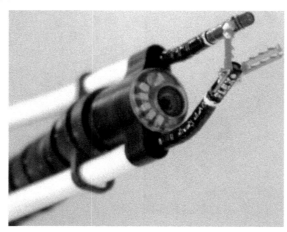

图 7-20　用于外科手术的蛇形机器人

　　和一般的蛇形机器人相比,另一种"蛇医生"就显得小巧了许多。这种微创手术机器蛇 Cardioarm(图 7-21)只有 1 厘米长,重不过 85 克,很是玲珑。电机开动以后,它的关节能够做 102 度的自由扭动。Cardioarm 作为"助理",可以帮助医生成功进行微创心脏手术,从而避免了开胸手术,降低了手术并发症风险和医疗成本。

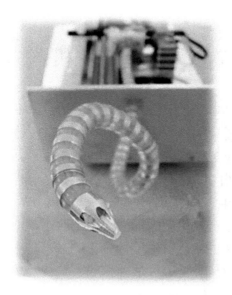

图 7-21　手术机器蛇 Cardioarm

　　响尾蛇的视力几乎为零,但其鼻子上的颊窝器官具有热定位功能,对 0.001 摄氏度的温差都能感觉出来,且反应时间不超过 0.1 秒。即使爬虫、小兽等在夜间入睡后,凭借它们身体所发出的热能,响尾蛇就能感知并敏捷地前往捕食。科学家根据响尾蛇这一奇特本领,研制出了现代夜视仪、空对空响尾蛇导弹(图 7-22)以及仿生红外探测器。

图 7-22　空对空响尾蛇导弹

通过对上面一些仿生蛇的认识，我们发现，蛇形机器人还真是神通广大，无处不在啊！发挥想象力，和朋友们交流讨论：还有哪些领域可以用到蛇形机器人呢？它们又应该怎样用呢？

7.3 多足仿生机器人

目前机器人研究的领域已经从结构环境下的定点作业中走出来，向航天航空、星际探索、军事侦察攻击、水下地下管道、疾病检查治疗、抢险救灾等非结构环境下的自主作业方面发展，同时新的需求和任务也对机器人的性能提出了更高的要求。通过对这些自主作业环境特点进行研究可以发现，不规则和不平坦的非结构环境成为这些作业任务的共同特点，这样就使轮式机器人和履带式机器人的应用受到极大的限制，多足仿生机器人因此应运而生。

多足机器人（如图7-23所示的仿生蜘蛛）的设计灵感来源于多足动物，而多足动物在自然界已有亿万年的演化史。物竞天择，适者生存是大自然的根本规律，多足昆虫能够在残酷的自然法则中存活下来说明了多足生物的优势，也反映了自然的本能，是自然给了人类最宝贵的财富，因此现在的机器人向着仿生的方向发展是必然的趋势，把机器人向人类靠拢，从而代替人的工作，这也是未来机器人的发展方向和目标。

图 7-23 仿生蜘蛛

? **想想议议**

　　蚂蚁、蟑螂、蜘蛛……都是多足生物，它们看起来不起眼，但多足生物在自然界中扮演着重要的角色，结合你生活中常见的和不常见的多足生物，和朋友们交流分享你见过哪些特殊的多足生物，并谈谈它们有哪些优势。

7.3.1　什么是多足仿生机器人

　　那么，究竟什么是多足仿生机器人呢？简单来说，多足仿生机器人一般是指模仿多足动物运动形式的特种机器人。多足一般指四足及四足以上，常见的多足步行机器人包括四足步行机器人、六足步行机器人、八足步行机器人等，如图 7-24 所示。

图 7-24　多足仿生机器人

　　相对于轮式或履带式机器人来说，多足机器人能更好地适应各种崎岖不平的陆地环境，而且多关节、多自由度使其具有多种运动模式，保证其在复杂环境中稳定地行走，甚至当个别关节出现问题时也不会影响机器人整体功能的可靠性。这些优势使多足机器人有很高的使用价值，可以广泛应用于星际探索、矿山采矿、水下环境考察以及水雷排除等特殊任务。

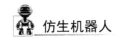

7.3.2　多足仿生机器人的结构

多足仿生机器人主要是模仿多足动物的外形和足运动的规律，所以多足协调运动是运动平衡的关键，其目的是模仿多足生物在不同复杂地面上能够高效、灵活地运动。简单来说，图 7-25 所示的舵机控制板就是机器人的中枢神经，负责多足动作协调；机器人的主控系统是大脑，负责处理外界信息，统一指挥；机器人扩展的传感器是感官系统，负责接收外界信息。

舵机控制板并不是多足机器人的核心，它只是负责控制舵机的模块，想实现机器人智能化必须要添加另外的主控，也就是给机器人装个大脑，再在主控上添加各种传感器模块，就相当于给机器人安上了口、鼻、眼、耳等，这样便初步形成了机器人的智能化框架。

图 7-25　舵机控制板

7.3.3　多足仿生机器人的足

📚知识链接

足是昆虫的运动器官。昆虫有 3 对足，在前胸、中胸和后胸各有一对，我们相应地称为前足、中足和后足。每个足由基节、转节、腿节、胫节、跗节和前跗节组成，如图 7-26 所示。基节是足最基部的一节，多粗短。转节常与腿节紧密相连而不活动。腿节是最长最粗的一节。第四节叫胫节，一般比较细长，长着成排的刺。第五节叫跗节，一般由 2~5 个亚节组成，为的是便于行走。在最末节的端部还长着两个又硬又尖的爪，叫前跗节，可以用它们来抓住物体。

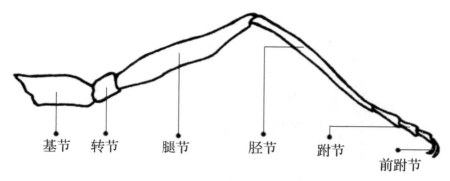

基节　　转节　　　腿节　　　　胫节　　　跗节

前跗节

图 7-26　昆虫足的构成

　　六足动物的行走是以三条腿为一组进行的，即一侧的前足、后足与另一侧的中足为一组。这样就形成了一个三角形支架结构。当这三条腿放在地面并向后蹬时，另外三条腿即抬起向前准备替换。前足用爪固定物体后拉动虫体向前，中足用来支持并举起所属一侧的身体，后足则推动虫体前进，同时使虫体转向。

　　这种行走方式使昆虫可以随时随地停息下来，因为重心总是落在三角支架之内。并不是所有成虫都用六条腿来行走，有些昆虫由于前足发生了特化，有了其他功用或发生了退化，行走就主要靠中、后足来完成。大家最为熟悉的要算螳螂了，如图 7-27 所示，我们常可看到螳螂一对钳子般的前足高举在胸前，而由后面四条足支撑在地面行走。

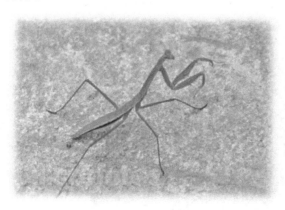

图 7-27　螳螂

　　目前，大部分六足机器人采用了仿昆虫的结构，6 条腿分布在身体的两侧，身体左侧的前足、后足及右侧的中足为一组，右侧的前足、后足和左侧的中足为另一组，分别组成两个三角形支架，依靠大腿前后划动实现支撑和摆动过程，这就是典型的三角步态行走法。如图 7-28 所示为小巧可爱的蜘蛛机器人。图 7-29 所示的自动展肢六足机器人由加利福尼亚大学仿生 Millisystem 实验室设计，它的速度快得惊人——每秒能移动 5 英尺。

图 7-28　蜘蛛机器人　　　　　　　　图 7-29　自动展肢六足机器人

知识链接

　　似乎是多足生物某些的功能激发了机器人研究者的想象力。多足生物的稳定性、灵活性及其爬行能力是人类难以匹敌的，例如它们会爬墙、能跳楼，还能暗中监视敌人等。有很多机构在制造多足机器人，如法国表演艺术公司、美国国家航空航天局、英国国防公司等。许多蜘蛛机器人是以蟑螂为模型制造的 6 条腿机器人，而不是以蜘蛛为模型制造的 8 条腿机器人。图 7-30 展示的是 2008 年法国表演艺术公司 LaMachine 设计制造的蜘蛛机器人，当它漫步在利物浦街头时，人们不仅没有被它吓跑，反而吸引了很多参观的人群。

图 7-30　"公主"蜘蛛机器人

除了模仿六足生物来研制仿生机器人之外，自然界中还有很多四足动物值得我们借鉴。例如，壁虎可以轻松地在墙壁和天花板上自由爬行，却丝毫看不出它们有克服重力的困难。它们是怎么做到的呢？这完全依靠于壁虎脚趾上特殊的部位——一种称为"刚毛"的结构。如图 7-31 所示，壁虎的脚趾本身是不带有黏性的，但它们却具有轻松控制吸附和脱附的功能。壁虎正是利用脚趾上的刚毛，游刃有余地控制脚趾吸力大小，甚至不费吹灰之力地抬起原本在吸附状态下的脚趾。这种神奇的绒毛使壁虎能够攀爬自如，并成为它们特有的生存技能。正因为如此，壁虎在面对捕食者时常常能化险为夷。

图 7-31　壁虎的脚趾

🐾小资料 -

这种"刚毛"其实是一种直径只有几十纳米到几微米的毛，是头发丝的千分之一。壁虎脚上大约有 50 万根以上的"刚毛"，这样就可以利用分子间的吸引力（范德华力）进行吸附。

- -

根据壁虎能够利用四肢垂直爬行的这种特点，科学家们研制出了一种仿生壁虎机器人，如图 7-32 所示，这种仿生壁虎机器人将来的应用范围非常广泛。像反恐侦查，人质被扣押在一个密闭的空间里，外人无法进去的时候，我们的仿生壁虎机器人就能派上大用场。"大壁虎"可以背着摄像机"潜"入密闭空间，拍摄下人质所在位置的画面，从而给狙击手提供第一手的及时信息，帮助狙击手找准位置。

除此之外，仿生壁虎机器人在地震搜救的过程中也能发挥巨大的作用。像一些地震救援队无法进入的空间，仿生壁虎机器人凭借小巧的优势就能轻易到达，并且及时通报给救援队废墟下有没有被压埋的人。

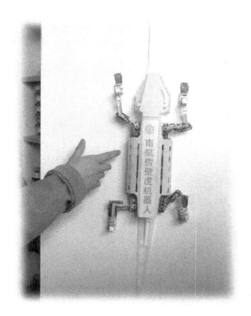

图 7-32　仿生壁虎机器人

提到四足仿生机器人，有一种仿生机器人不得不提，它就是"大狗"。这个形似机械狗的四足机器人被命名为"大狗"（Bigdog），由波士顿动力学工程公司专门为美国军队研究设计。它不仅可以跋山涉水，还可以承载较重负荷的货物，而且这种机械狗可能比人类跑得都快。"大狗"机器人的内部安装有一台计算机，可根据环境的变化调整行进姿态。

如图 7-33 所示，"大狗"的四条腿完全模仿动物的四肢设计，内部安装有特制的减震装置。该机器人的长度为 1 米，高 70 厘米，重量为 75 千克，从外形上看，它基本上相当于一条真正的大狗。它可以自行沿着预先设定的简单路线行进，也可以进行远程控制。截至 2018 年底，"大狗"一直被称为世界上适应崎岖地形最先进的机器人。但是我们应当冷静地看待这种机器人，可能未来会有一天，这种机器人会像科幻电影《终结者》中"T-800 终结者"一样对人类执行残酷无情的杀戮任务。

图 7-33　"大狗"机器人

7.4 小结与思考

（1）地面仿生机器人就是模仿人类或其他地面动物某些功能的机器人。

（2）地面机器人的分类：根据运动方式的不同，地面仿生机器人主要分为步行仿生机器人、爬行仿生机器人和跳跃仿生机器人。请想想是否还有其他分类方式。

（3）蛇形机器人，又称机器蛇。它是一种能够模仿生物蛇运动，实现"无肢运动"的新型仿生机器人。

（4）蛇形机器人也有"大脑"。不同蛇形机器人的"大脑"位置不同，主要有两种：一种是全身关节模块都有其分布并协同工作构成整个"大脑"；另一种是"大脑"位置设在蛇形机器人的末端来控制整个身体。

（5）蛇形机器人的运动：蛇形机器人主要模仿蛇类的运动规律。

（6）蛇形机器人的"感官"：蛇形机器人的传感系统主要采用红外传感器、超声波传感器、光感设备和摄像设备等。

（7）多足仿生机器人，一般是指模仿多足动物运动形式的特种机器人。多足一般指四足及四足以上，常见的多足步行机器人包括四足步行机器人、六足步行机器人、八足步行机器人等。

（8）多足仿生机器人的运动：多足仿生机器人主要模仿多足动物的多足运动规律。

第8章
空中仿生机器人

从古至今，人们都梦想着像鸟儿一样翱翔于天空。通过对鸟儿滑翔状态的研究，人们发明了飞机，实现了人类飞翔的愿望。然而，飞机的动作比起昆虫和鸟类，笨拙得多。昆虫和鸟类的翅膀具有很大的机动性和灵活性，它们的超强飞行能力引起了科学家们极大的兴趣，如昆虫利用其高频振动的翅膀，能够实现前飞、倒飞、侧飞和倒着降落等特技飞行。对生物生理结构和飞行机理的研究为仿制出具有更大飞行灵活性的新型扑翼飞行器打下坚实基础。这一章就让我们一起跟随空中仿生机器人翱翔天空吧！

8.1 认识空中仿生机器人

空中仿生机器人即具有自主导航能力的无人驾驶飞行器。目前国内外广泛关注的微型飞行器侧重于扑翼机的研究。它模仿鸟类或昆虫的扑翼飞行原理，将举升、悬停和推进功能集于一个扑翼系统，可以用很小的能量做长距离飞行，同时具有较强的机动性，适合长时间无能源补给，及远距离条件下执行任务，故被称为人工昆虫，如图 8-1 所示。

图 8-1　人工昆虫

目前对飞行运动进行仿生研究的国家主要是美国，英国的剑桥大学和加拿大的多伦多大学等也在开展相关方面的研究工作。图 8-2 所示的这种只有 80 毫克重的小型装置称为蜜蜂机器人，它有一对飞行时嗡嗡作响的翅膀，每秒钟拍打 120 次。该蜜蜂机器人已被研发了 10 年，是飞行昆虫的首个实用模型。科学家在测试中用一根系留线控制蜜蜂机器人，使它起飞、盘旋和改变方向。将来它的潜在用途包括搜索与营救、监视、环境监测，甚至引领真正的蜜蜂给农作物授粉等。

图 8-2　蜜蜂机器人

苍蝇机器人作为人工昆虫的一种，它可用作救援机器人或间谍飞行器。图 8-3 所示的这款机器苍蝇的质量只有 60 毫克，翼展也仅仅有 3 厘米，它是典型的仿生学产品，其飞行运动原理和真的苍蝇非常相似，其目的是利用仿生原理获得苍蝇杰出的飞行性能。机器苍蝇有普通苍蝇大小，有两只翅膀，只有 1 个玻璃眼睛，直径 5～10 毫米，与真苍蝇差不多，身体用像纸一样薄的不锈钢制成，翅膀用聚酯树脂做成，由太阳能电池驱动，1 个微型压电石英驱动器以 180 次每秒的频率扇动它的小翅膀。

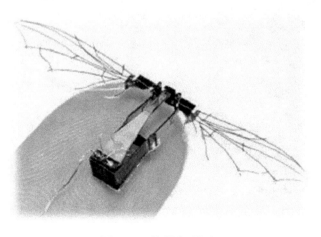

图 8-3　苍蝇机器人

由于体型小，苍蝇周围气流的黏性比鸟类或者机翼固定的飞机更大。对昆虫来说，飞行就像是踩水一样。苍蝇翅膀运动产生的空气动力可以在千分之一秒内改变激烈程度。相反，传统的机翼却受制于平稳的气体流动。正是因为这个差异，预测飞机性能的分析工具对于动态飞行昆虫效果甚微，这也使研制机器苍蝇的工作更加困难。研究工作者依次解决了机器苍蝇设计中扭曲和拍打、材料、控制和低功耗等难题，最终研制出应用于实际的机器苍蝇。

? 想想议议

自然界中许多物种经过残酷的自然法则，优胜劣汰之后，它们的身体结构已达到最优的状态。观察你所见到的动物，看看它们的身体结构是如何适应周围环境的，和朋友们交流讨论，说说你的看法。

8.2 仿 生 鸟

8.2.1 鸟类的本领

要想认识仿生鸟机器人，我们首先来看看空中那些被模仿的鸟类有什么特殊的本领值得我们模仿吧！

1. 外形特点

鸟类的身体通常是纺锤形（流线型），前肢进化成翼，有羽毛适于飞行，如图 8-4 所示。

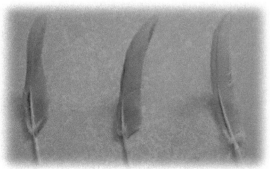

图 8-4　鸟类身体呈流线型且体表被羽毛覆盖

2. 结构特点

鸟类的骨骼不但轻、硬，而且中间还有充满气体的腔隙，如图 8-5 所示。鸟类的骨骼重量占体重的 5%～6%，而人的骨骼占体重的 18%。鸟类的胸肌发达，背部肌肉退化。

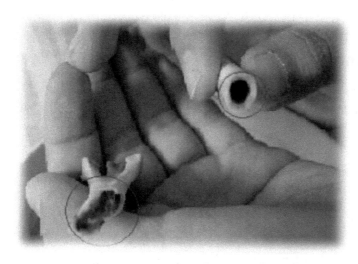

图 8-5　鸟类的骨骼

3. 生理特点

鸟类的神经系统和感觉器官发达。鸟类不仅有肺，还有气囊，能进行双重呼吸，以满足鸟类飞行时对氧气和能量消耗的需要。其气囊分布于内脏间、肌肉间、皮肤下和骨腔内，是一些膜质囊，如图 8-6 所示。

图 8-6　肌肉间的气囊

❓ 想想议议

通过对鸟类这些特点的了解，如果让你动手做一个仿生鸟飞翔天空，你希望它拥有哪些本领呢？和朋友们交流讨论，说说你的看法。

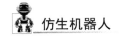

8.2.2　仿生鸟的结构

　　仿生鸟自然要模仿自然界的鸟类来研制，其结构也不例外。以 Smart Bird（图 8-7）为例，它的躯干内装设有充电电池、发动机、变速箱、曲柄轴和电子控制器。双翼配有双向无线信号收发装置，能对飞行进行即时调整。除了模仿鸟类的形体之外，模仿鸟类的飞行对仿生鸟来说至关重要。

　　Smart Bird 不仅仿真度极高，足可以以假乱真，而且可以完美地模拟鸟类飞行（图 8-8）。

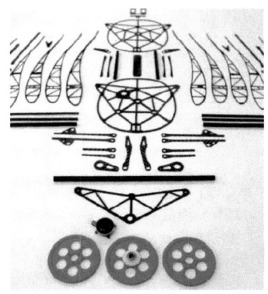

图 8-7　Smart Bird 部分组成结构

图 8-8　Smart Bird

8.2.3　给仿生鸟插上翅膀

自古以来，飞行都是人类的梦想，15 世纪 70 年代，达·芬奇设计出一种由飞行员自己提供动力的飞行器，并称为"扑翼机"（图 8-9(a)）。之后人们仿照它进行了很多尝试（图 8-9(b)），结果都失败了。

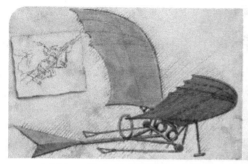 

(a)达·芬奇扑翼机设想图　　　　　　(b)后人根据设想图制作的模型

图 8-9　达·芬奇扑翼机设想图及后人根据设想图制作的模型

1903 年，莱特兄弟由鸟类滑翔得到启示而发明了人类第一架飞机（图 8-10）。直升机设计师们由蜻蜓翅膀前边缘的翅痣能消除飞行过程中翅膀的震颤受到启发，解决了直升机飞行过程中由于剧烈震动而导致的机翼断裂难题。

图 8-10　莱特兄弟和"飞行者"1 号

自然界中现存的生物物种，大多都是经过漫长的生物进化和自然选择后保留下来的。优胜劣汰、适者生存这一生物生存规律，一方面使优良的生物物种保留了下来，另一方面也促进了这些物种不断进化，以适应千变万化的自然环境，因此许多生物物种在结构、形态和功能等方面都得到了全面优化。如昆虫翼在拍动周期内半自动的变形而使其气动力得到优化，从而使其能在强风和复杂环境下悬停和稳定飞行，能够进行高速、高机动性、低能耗、长距离的飞行。

鸟类的翅膀也是在这样自然选择之后最优的产物。例如，图 8-8 中的 Smart Bird 仿生鸟的翅膀就是模仿海鸥的翅膀研制而成的，它的扑翼运动可以分解成三个分运动：①主翼的扑打运动；②副翼的扑打运动；③主翼和副翼之间的扭转运动。

Smart Bird 的翅膀角度可以通过扭力电机调节。向上飞行时，电机让翅膀朝上，提高 Smart Bird 的飞行高度；向下飞行时，电机则让翅膀朝下。它既能模拟鸟类飞行，也能够极逼真地扑动翅膀。

如图 8-11 所示，Smart Bird 仿生鸟通过无线电控制，也可自主飞行。它的重量只有 450 克，通过摆尾和摇头改变飞行方向。这款机器鸟的设计灵感来源于海鸥，其体内装有两个轮子，通过旋转带动翅膀上下拍动。这两个旋转轮与蒸汽火车的车轮类似，与牵引杆相连，通过转动为拍打翅膀提供动力。

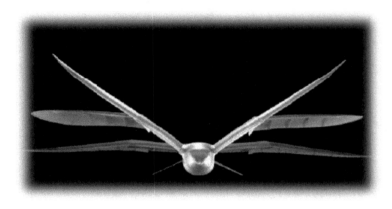

图 8-11　Smart Bird 仿生鸟

翅膀的主要组成部分有支架、翅膀主骨、翅膀副骨、副翼主骨、翅膀骨架固定轴、三合一连杆，如图 8-12 所示。

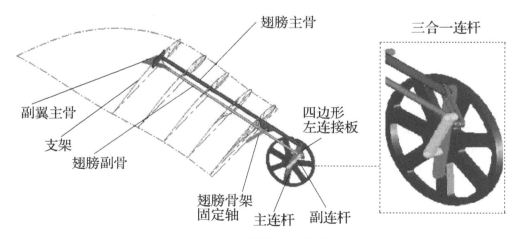

图 8-12　翅膀机构简图

除了模仿体型较大的鸟类之外，还有一种小巧的蜂鸟也是模仿的对象。以此为灵感，科学家发明了一种"纳米蜂鸟"。这种"纳米蜂鸟"翼展 16.51 厘米，重量与一节 5 号电池相近，虽然样子不起眼，但它的功能已经很完备。"纳米蜂鸟"相当于一个迷你版的无人侦察机，腹部装有微型摄像机，飞行速度能达 17 千米/小时。

尽管它的样貌和真正的蜂鸟相比略显僵硬，但是人造蜂鸟几乎拥有同样高超的飞行技巧：通过快速扇动身体两侧的翅膀，能够上下左右自由飞动，还能旋转和盘旋。

8.3　仿 生 蜻 蜓

与鸟类相比，蜻蜓具有更大的机动灵活性。人们通过对蜻蜓生理结构和飞行机理的研究，将仿制出具有更大飞行灵活性和自由度的新型飞行器。

8.3.1　蜻蜓与仿生蜻蜓

蜻蜓是无脊椎动物，在昆虫中属于体型较大的；翅长而窄，膜质，网状翅脉极为清晰；视觉极为灵敏；腹部细长、扁形或呈圆筒形，末端有肛附器；足细而弱，上有钩刺，可在空中飞行时捕捉害虫。蜻蜓形态优美，被誉为"飞行的宝石"，它身上有多处结构是仿生学很好的研究对象。

在昆虫类的动物中，蜻蜓可以说是飞行佼佼者。它是一种飞行能力很强的昆虫，其长时间的滑翔、悬停、快速前飞及灵活机动的飞行能力，长久以来吸引着科学家的目光。受蜻蜓的启示，20 世纪初，人们设想造出一种不需跑道，直接从地面升起的飞机，直升机由此开始被不断研制、改进，最后得以成功投入批量生产。图 8-13 所示为早期直升机的样子。

图 8-13　早期直升机的外形

机械蜻蜓是一种微型仿生飞行器，它可以模仿蜻蜓的飞行方式，不断拍打翅膀在空中飞行，这种飞行器也叫"扑翼机"。而我们常见的是机翼不动的固定翼飞机。起初，机械蜻蜓还不能完成自主飞行，它仍依靠操作人员通过操纵杆进行远程无线遥控，控制飞行器达到低空摄影的目的。然而，最新型的机械蜻蜓却能够自主飞行。经过研制改良之后，机械蜻蜓可以分析其周围环境，识别其相关的位置，按照程序进行自主飞行和摄影。

8.3.2　仿生蜻蜓的结构

蜻蜓机器人能够在空中任何方向颤振翅膀，甚至在空中盘旋，还可通过手机进行控制，并将信号发送至难以抵达的区域。

图 8-14 所示的蜻蜓机器人，不仅自重轻，而且集传感器、制动器和机械零件等硬件于一身，所有这些零件全都安装在一个紧凑的空间中，相互精准地咬合在一起，因此能够以这种独特的方式飞行。

图 8-14　机械蜻蜓和一枚硬币的大小比较

机器人虽然是由多种配件构成的，但大致组成可分为四种，如下所示：

（1）**组织部**：机器人的外形（身体、手、腿、脚、关节等）。

（2）**传感器部**：识别外部环境的部分（视觉传感器、声音传感器、嗅觉传感器、触觉传感器等）。

（3）**控制部**：判断识别到信息和控制动作的部分（微型计算机）。

（4）**驱动部**：让机器人实际动作的部分（电机、液压装置、空压装置等）。

蜻蜓机器人的大脑是蜻蜓机器人的微处理器，通常微处理器是一块芯片。任何一个机器人大脑都必须要有类似这样的一块芯片，否则就不能称为机器人了。而一整套控制部包括微处理器和一些其他元件，如图 8-15 所示。

机器人运动要靠程序来控制，编程语言是一种控制器能够接受的语言类型，一般有 C 语言、Basic 语言和汇编语言，通常能被较高级的控制器直接执行，因为在高级控制器里面内置了编译器，能够直接把一些高级语言翻译成机器码。

图 8-15　蜻蜓机器人控制器

蜻蜓机器人一般采用电力驱动。在构造方面，蜻蜓机器人的尾部有一个柱状的物体，可以作为电池的存放地（图 8-16）。电池采用聚合物锂电池，其容量高，质量轻，安全性好，该电池还可通过位于翅膀处的太阳能电池进行充电。

图 8-16　安装尾部的电池

以图 8-17 所示的蜻蜓机器人为例，它由质量仅 1 克的微型锂聚合物锂电池提供能源，该电池能产生 30 毫安的电流，足以使这种昆虫大小的飞行器飞行一段时间。其摄像仪的质量为 0.4 克，驱动机翼拍打的直流电刷式电动机的质量为 0.45 克，控制方向和升降舵的磁性制动装置的质量为 0.5 克，操作电子装置的质量为 0.2 克，还有重 0.5 克的结构框架，这使其总质量达到 3.05 克。

图 8-17　蜻蜓机器人的主体结构

　　该蜻蜓机器人的翼展宽度只有 10 厘米，机翼拍打频率为每秒 30 次，采用轻型木材和碳纤维制成，飞行速度为 5 米/秒。它是一种微型摄影飞机，可以携载微型摄像仪（图 8-18），将实时观测到的视频录像传输到指挥中心。有关专家表示，蜻蜓机器人体积小、造价低，可自主飞行，不需要指挥人员靠近目标区域。因此，它可以用于到危险的区域进行侦察，如灾害现场、战场和恐怖分子的活动区域。如果能够进一步提高它的飞行距离和悬空时间，再减小体积和增强天线传输信号的功率，它就能够进入实用阶段。

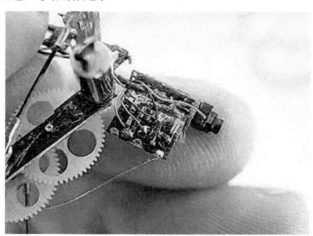

图 8-18　视频摄像装置

　　一般蜻蜓机器人的动力模块主要集中在胸腔中的两侧，以便为其飞行提供更好的动力。其中安装了微型的伺服电机，伺服电机除了提供飞行的动力之外，还负责调节翅膀的振动频率，可控制每分钟振翅次数在 900～1800 次，频率在 15～30Hz。另外，关节处的伺服电机（图 8-19）独立控制翅膀的振幅，幅度在 80°　～

130°，每个翅膀最大可旋转 90°，使蜻蜓机器人前进、后退或者侧向移动。另外，蜻蜓机器人（图 8-20）的尺寸比一般蜻蜓要大。

图 8-19　伺服电机　　　　　　　　图 8-20　蜻蜓机器人

8.3.3　蜻蜓点水

我们都知道"蜻蜓点水"这个成语，它很形象地表现出了蜻蜓在空中灵动的特点，这完全依赖于蜻蜓那两对相辅相成的翅膀，如图 8-21 所示。要想让我们的蜻蜓机器人也能够"点水"，同样需要给它插上轻盈的翅膀。

图 8-21　蜻蜓点水

我们先从翅膀角度来看看蜻蜓是如何在空中完成灵活飞行的。蜻蜓的翅膀主要由翅脉和翅膜组成，还包括翅痣和关节。蜻蜓的翅膀仅占其体重的 2% 左右，翅膀的前缘和后缘呈流线型，增加了它的灵活性，如图 8-22 所示。

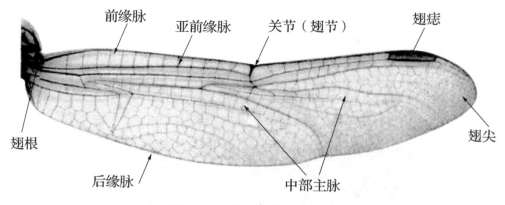

图 8-22　蜻蜓翅膀的结构图

可见，蜻蜓等昆虫能够在强风和复杂环境下悬停或稳定飞行，主要原因是它们的翅膀以及身体可根据外界条件的改变产生自适应变形。

实践园

观察蜻蜓：分别去掉翅痣，剪断前缘脉、亚前缘脉基部，剪去半翅与全翅后，对蜻蜓飞行的影响。

(1) 在蜻蜓翅的前缘近顶角处有翅痣，它是用来消除蜻蜓飞行时翅的震颤，去掉蜻蜓翅痣，蜻蜓飞行时，就会像喝醉了一样摇摇摆摆、飘忽不定。

(2) 剪断蜻蜓翅膀的前缘脉、亚前缘脉基部，蜻蜓无法飞行。

(3) 从翅节处剪去一半前翅，蜻蜓飞行不稳，速度降低。

(4) 剪去全部前翅，蜻蜓无法飞行。

(5) 剪去后翅的一半，蜻蜓飞行不稳，速度降低。

(6) 剪去全部后翅，蜻蜓无法起飞，抛向空中后，蜻蜓迅速下降，落地。

知识链接

蜻蜓飞行时，身体非常灵活，它既能快速飞行，迅速变换方向和高度，又能在某一高度缓缓滑翔，或浮在半空中，甚至还能倒飞、侧飞、上下直飞。而这一切都是由于蜻蜓的腹部在起作用。蜻蜓在飞行时，腹部经常卷起或弯曲，这是用来改变蜻蜓的飞行速度、方向和高度的。其六足在飞行时收缩叠加到胸前，就像飞机起飞后将轮子收起一样，目的是为了减小飞行阻力。

　　蜻蜓机器人（图 8-23）的核心在于扑翼部分，它由四片新型复合材料扑翼叶片、扑翼驱动系统、动力系统、控制系统几部分组成。扑翼叶片由质量轻且高抗疲劳强度特性的薄复合材料制造，可以满足模拟蜻蜓翅膀挥动的条件和增加强度、减轻重量的要求。叶片上分布多片传感器，可以将飞行的数据即时传回飞行控制计算机，比对和调整扑翼叶片的工作状态。

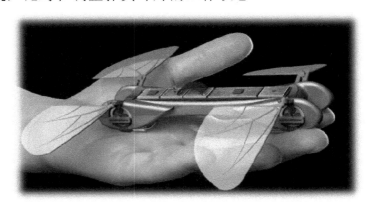

图 8-23　仿真蜻蜓机器人

　　由于扑翼和扑翼动作系统必须是柔性的（满足模拟肌肉组织收缩条件），因此也带来飞机结构上相对于传统意义上的飞机的变化，所以在飞行器上也广泛采用了力学、物理学特性好的复合材料，以最大限度上满足扑翼机的仿生运动要求。例如，图 8-24 所示的 Entomopter 微型飞行器有着与蜻蜓翅膀相似的机翼，机翼用特殊的结构和材料制成，这种微型飞行器装备有两对前后串联的扑翼，不但可以飞行，而且可以在地面上爬行。该微型飞行器的研究者期望它能在未来的火星探测中发挥作用。

图 8-24　Entomopter 微型飞行器

机翼的形状决定了飞行器的飞行性能，在高速时，正确的翼型可以产生升力；在低速时，正确的翼型可以保证机翼附近的空气不紊乱，使空气规则流动，产生稳定的空气阻力。

目前，仿生学已在航空航天领域得到了广泛应用，此外，蜻蜓等昆虫的翅膀都是由质量非常轻的网状翅膀和薄膜材料构成的，在飞行器的研制中有必要加以借鉴。与固定翼和旋翼飞行器相比，该类飞行器具有很多独特的优点，如原地或小场地起飞、较强的机动性能、尺寸小、便于携带、飞行灵活、隐蔽性好等。

8.4　小结与思考

(1)空中仿生机器人即具有自主导航能力的无人驾驶飞行器。

(2)仿生鸟从鸟类的外形、结构和生理三方面的特点进行仿生。

(3)模仿鸟类飞行是仿生鸟的重要特点。请想想，鸟类还有什么特点是可以供仿生鸟模仿的？

(4)蜻蜓机器人是一种微型仿生飞行器，它可以模仿蜻蜓的飞行方式，不断拍打翅膀在空中飞行。

(5)蜻蜓机器人的结构主要有组织部、传感器部、控制部、驱动部。

第9章
仿生机器人的制作

小型仿生机器人的特点是体积小、结构简单、控制方式灵活多变。你可以使用生活中常见的材料，采取和搭建模型一样的方法来制作这类机器人。你可以把它们看成是会动的模型，这些机器人具有像生物一样的独特的行为模式。

9.1 仿生机器人的电子元器件

从传统意义上讲，仿生机器人可以看成能独立工作的自动控制系统，它们具有自动控制系统的三个要素，即传感器、控制器和执行器。下面就从这三部分出发来介绍仿生机器人在制作时所需的电子元器件。

9.1.1 传感器

仿生机器人制作时主要以光电传感器和机械传感器为主，如图 9-1 所示，从左往右依次为 3mm 光敏二极管、3mm 红外接收管、水银开关、ITR20001-T 和 TCRT5000 型反射式红外线传感器，以及带有开关量输出的超声波测距传感器。

图 9-1　仿生机器人上常用到的传感器

光敏二极管和红外接收管常见的规格有 3mm 和 5mm 两种，为了减小机器人的体积和减轻重量，一般选择 3mm 的规格。这两种二极管的特性很相似，只是红外接收管除了可以对可见光做出反应，还可以感知红外线。给机器人配备上红外接收管，可以增加它在黑暗环境下的行动能力，用家电遥控器就可以制造出一束红外线，指挥机器人行动。

注意：这两种二极管都需要配备管座，让光线只能从二极管顶部射入，以增加指向性，降低杂散光线的干扰。管座可以用简单的材料代替，如一段黑色热缩管或绝缘胶带。

水银开关是一种机械式传感器，利用水银的导电性和流动性连通或断开密封在一个玻璃泡内的触点。这种开关可以检测物体的倾斜状态，稍加变通也可以检测碰撞。

注意：市场上常见的水银开关都是用玻璃泡封装的，小心不要打破，洒在地上的水银很难清除，且挥发的蒸气有害健康。为安全起见，可以把水银开关裹上泡沫塞进笔帽里，并用热熔胶密封好。

反射式红外线传感器由两个封装在一起的红外发射管和接收管组成的，一发一收地检测目标是否反光。根据黑色物体吸收光线、白色物体反射光线的原理，可以用这种元件检测画在白色地面上的黑线。这种传感器在市场上流通的型号很多。

注意：判断管子是发射管还是接收管的小窍门——透明或蓝色的是发射管，深黑色（这种物质起到过滤可见光的作用，只有红外线才能通过）的是接收管。

超声波测距传感器是本书的可选器件。市场上有一种可以作为报警模块使用的超声波传感器，不进行测距时，相当于一个非接触式开关，可以利用它输出的高、低电平直接控制逻辑电路，取代机械式触须开关。

9.1.2　控制器

控制器由控制电路组成，控制电路根据传感器采集到的信号决定机器人需要采取的行动，指挥整个机器人的运转。仿生机器人控制电路使用的是市场上常见的电子元件，阻容元件对精度没有严格要求，电阻可以选择功率为 1/8 瓦、误差为 10%的普通碳膜电阻，电容可以选择小型瓷片、独石或 CBB 电容，为了减小尺寸，还可以使用贴片电容。晶体管使用普通小功率 NPN 型、PNP 型三极管就可以，如常见的 8050 和 8550。

机器人用到的集成电路有四种，均为 74HC 系列，如图 9-2 所示，从左往右依次为两个不同厂家生产的 74HC14、74HC240、74HC86 和 74HC245。这类集成电路（Integrated Circuit，IC）的供应商非常多，不同厂家生产的集成电路或同型号带有不同后缀的集成电路，在特性（如温度、输入输出和时延特性）上会有一定差异，书中的机器人对此没有严格的要求。

注意： 74HC 系列集成电路为高速 CMOS 器件。为了防止静电损坏，建议在拿取芯片时，先用手摸一下铁质机箱。焊接时使用带有 ESD（Electro Static Discharge，静电放电）标志的烙铁或焊台。

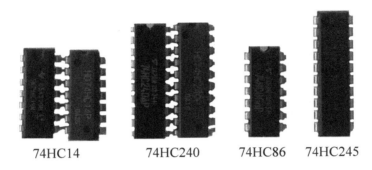

| 74HC14 | 74HC240 | 74HC86 | 74HC245 |

图 9-2　机器人常用的集成电路

建议你对照这些集成电路的手册熟悉它们的引脚顺序和内部结构，对设计电路布局和焊接会有很大帮助。

9.1.3　执行器

执行器通过执行机构（车轮、手臂、腿、机器爪）控制仿生机器人的动作，仿生机器人使用的执行器是常见的小型直流电机和模型舵机。如图 9-3 所示，从左往右依次为 RF300 型直流电机、迷你电机、N20 减速电机、机器人小车电机、两个减速电机和一个 9 克舵机。

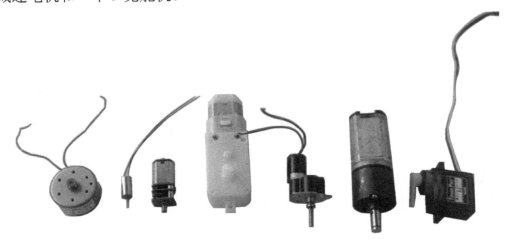

图 9-3　机器人上用到的电机

RF300 是最常见的直流电机，一般用作光驱和 DVD 播放机的开仓电机，这种电机的特点是非常耐用，从报废电子产品里拆出来的电机一般还可以使用很长时间，用来做机器人实验非常经济。

迷你电机、减速电机和前面提到的 RF300 在网上一些专门销售电机和机器人模型的商店里都可以买到，价格一般为几元到十几元不等，减速电机因为带有齿轮箱，价格会高一些。如果资金有限，购买二手拆机电机也是一个不错的选择。另外，注意平时多留意身边废弃的电子产品，也会带来许多意外的惊喜。淘汰下来的手机、玩具、电脑、小家电在机器人爱好者眼中，是一个个取之不尽的零件仓库。拆机中要注意安全！

9.1.4　电源

机器人的电子部分需要电源才能正常运转，本书介绍的机器人用到的几种电源如图 9-4 所示，从左往右依次为太阳能电池板、6V 电池盒、小号锂电池、中号锂电池。

太阳能电池板可以把光能转换为电能，在天气晴朗的日子给机器人提供源源不绝的动力，阴天时就让机器人保持静默。这种电池的输出电流比较低，需要配合特别设计的电路才能驱动机器人，可以采用串联、并联的方法得到所需的电压和电流。

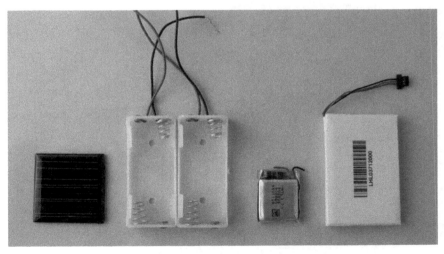

图 9-4　机器人的电源

6V 电池盒尺寸规格可选可以使用 4 节 5 号电池或 4 节 7 号电池，为了减小机器人的尺寸、减轻重量，还可以减少 1 节电池，书中的电路在 4.5V 电压下也可以正常工作。

锂电池可以重复充电使用,是小型机器人电源的理想之选。市场上有一种作为电子产品维修备件出售的锂电池,这种电池带有端子,配上一个充电器就可以使用。

注意: 锂电池使用不当有起火、爆炸的危险,一定要购买正规厂家生产的带有保护板的锂电池,并严格按照要求使用。

9.2 仿生机器人的结构材料

工业机器人的制造材料与使用环境有很大关系,并且通常都需要长时间稳定地工作,所以制造材料选择是比较苛刻的。而民用、玩具型的机器人不必顾忌太多,几乎身边的任何东西都可以作为制作机器人的材料。这里我们主要了解一般仿生机器人常见的材料,以便在不同场合制作出不同的机器人。

机器人的电子部分需要安装到结构上才能形成一个系统,结构是可以活动的,由电机驱动车轮、手臂或腿等机械部分来实现。需要用到的材料如图9-5所示(材料可以通过五金店或网络平台自行购买):3mm 接线端子、洞洞板、尼龙扎带、曲别针、车条。另外还需要一些螺丝、光盘等。

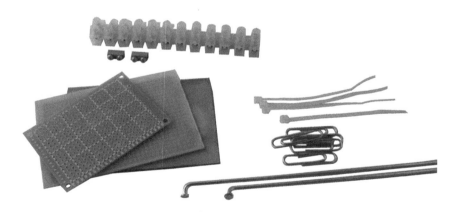

图9-5 机器人的结构材料

机器人结构的制作,充分考虑了身边常见材料的合理利用,装配方法有多种,这些在后面的实验中都会有所体现。结构的固定可以采用多种方法组合的形式,如图9-6所示,把两片光盘叠起来,用 M3 螺丝固定好,电机和电池盒用尼龙扎带和热熔胶固定,车轮插接在电机上(图 9-7),洞洞板用铜柱固定在顶板上。用光盘制作的轮式机器人底盘就使用了螺丝、尼龙扎带、热熔胶、直接插接、铜柱支撑等多种方法。

图 9-6　电机和电池盒固定方式

图 9-7　车轮固定方式

　　灵活利用现有的材料，可以制作出个性化十足的机器人。此外，机器人技术与科学和艺术是分不开的，你一定希望自己制作的机器人是一个智能与美感的综合体。为了使机器人的外形和运动姿态看起来更美观，就要在机械结构的设计和制作上花费相当多的心思。为了使自己的机器人与众不同，通常需要自行设计和加工一些小零件。

　　日常制作机器人的材料一般分为三类：金属、塑料、木材。金属材料是大家公认的制作机器人的正统材料，金属由于有很好的硬度、不易磨损、好看的光泽等特性，一直被人们所喜爱，几乎所有人都觉得只有金属制的物品才是品质和质量的象征，但同样也说明了金属材料加工不易的缺点。如图 9-8 所示的搜救机器人移动平台采用 6061 铝合金框架。

图 9-8　搜救机器人移动平台

　　制作机器人常用的金属材料是铝合金，少量用不锈钢，铝合金比不锈钢更方便加工，一般用于加工的铝合金常用的又有 6061 和 7075 两种，以 6061 为代表的 6000 系列铝合金中的主要合金元素为镁与硅，具有中等强度、良好的抗腐蚀性、可焊接性，氧化效果较好。而以 7075 为代表的 7000 系列铝合金主要含有锌元素，属于航空系列，是铝镁锌铜合金，而且是可热处理合金，属于超硬铝合金，有良好的耐磨性和焊接性，但耐腐蚀性较差。6061 的硬度虽然不如 7075 高，但抗腐蚀性比较好，所以市面上的机器人肢体一般都是这种铝合金材质。

　　制作机器人时，塑料也是被大量采用的材料，相比金属材料其优势是便于加工，缺点是硬度低。常用的塑料有 ABS、PVC、尼龙、环氧树脂、有机玻璃等。

　　如图 9-9 所示，ABS 塑料是五大合成树脂之一，其抗冲击性、耐热性、耐低温性、耐化学药品性及电气性能优良，还具有易加工、制品尺寸稳定、表面光泽性好等特点，容易涂装、着色，还可以进行表面喷镀金属、电镀、焊接、热压和粘接等二次加工，广泛应用于机械、汽车、电子电器、仪器仪表、纺织和建筑等工业领域，是一种用途极广的热塑性工程塑料。

图 9-9　ABS 塑料

如图 9-10 所示,蜻蜓机器人外形采用 PVC 塑料。PVC 主要成分是聚氯乙烯,又叫聚氯乙烯树脂,PVC 材料在实际使用中经常加入稳定剂、润滑剂、辅助加工剂、色料、抗冲击剂及其他添加剂,具有不易燃性、高强度、耐气候变化性以及优良的几何稳定性。PVC 对氧化剂、还原剂和强酸都有很强的抵抗力,但它能够被浓氧化酸(如浓硫酸、浓硝酸)腐蚀,并且也不适用于与芳香烃、氯化烃接触的场合。PVC 可分为硬 PVC 和软 PVC,其中硬 PVC 大约占市场的 2/3,软 PVC 占 1/3。软 PVC 一般用于地板、天花板以及皮革的表层,但由于软 PVC 中含有柔软剂(这也是软 PVC 与硬 PVC 的区别),容易变脆,不易保存,其使用范围受到了局限。硬 PVC 不含柔软剂,因此其柔韧性好,易成型,不易脆,无毒无污染,保存时间长,具有很大的开发应用价值。

(a) 常见 PVC 塑料制品　　　　　　(b) PVC 塑料机器人外形

图 9-10　蜻蜓机器人外形采用 PVC 塑料

如图 9-11 所示,尼龙是一种高分子化合物合成纤维,为韧性角状半透明或乳白色结晶性树脂。尼龙优点是机械强度高,软化点高,耐热、耐磨损,摩擦系数低,吸震性和消音性好,不易被腐蚀,电绝缘性好,有自熄性,无毒、无臭,耐候性好,不易被染色等;缺点是吸水性大,影响尺寸稳定性和电性能。纤维增强可降低树脂吸水率,使其能在高温、高湿环境下工作。尼龙与玻璃纤维亲和性良好,常用于制作梳子、牙刷、衣钩、扇骨、网袋绳、水果外包装袋等。尼龙无毒性,但不可长期与酸碱接触。

图 9-11　尼龙塑料拖链

　　环氧树脂泛指分子式中含有两个或两个以上环氧基团的有机高分子化合物，固化后的环氧树脂具有良好的物理化学性能，它对金属和非金属材料的表面具有优异的粘接强度，介电性能良好，变定收缩率小，制品尺寸稳定性好，硬度高，柔韧性较好，对碱及大部分溶剂稳定，因而广泛应用于国防、国民经济各部门。PCB 基板就是环氧树脂的一种，也广泛用于航模制作。图 9-12 为用于机器人控制器电子板的 PCB 基板。

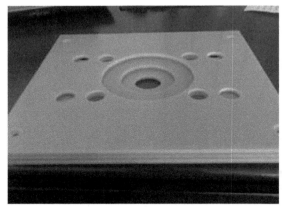

图 9-12　PCB 基板

　　有机玻璃又叫亚克力，有机玻璃是一种通俗的名称，从这个名称看，你未必能知道它是一种什么样的物质，也无从知道它是由什么元素组成的。这种高分子透明材料的化学名称叫聚甲基丙烯酸甲酯(PMMA)，是由甲基丙烯酸甲酯聚合而成的。特点是表面光滑、色彩艳丽，密度小，强度较大，耐腐蚀，耐湿，耐晒，绝缘性能好，隔声性好。如图 9-13 所示，避障小车采用有机玻璃作为底盘。

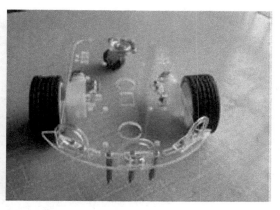

图 9-13　有机玻璃作底盘

9.3　电子装配工具

有句话说得好：工欲善其事，必先利其器。大多数电子爱好者对这类工具会比较熟悉。为了进行书中所介绍的小型机器人的制作，还需要自行准备一些辅助工具，甚至是有点"另类"的替代工具，图 9-14 为制作机器人电子部分的常用工具。

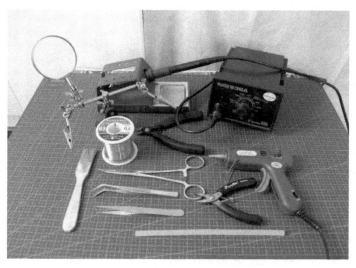

图 9-14　制作机器人电子部分的常用工具

偏口钳或电子剪在焊接过程中的使用频率也很高，主要用来给元件剪脚。此外，还有去除导线绝缘外皮的剥线钳，如图 9-15 所示，从左往右依次为偏口钳、剥线钳(带剪线功能)、老式剥线钳。

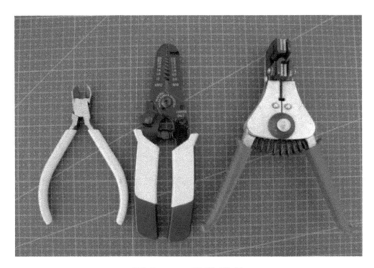

图 9-15　各种钳具

本书中的机器人电路都非常简单，用万用表就可以完成大部分测量和调试工作。如图 9-16 所示，一个指针表，一个数字表，要求数字表带有三极管和电容测试功能，图中上方为数字式万用表，下方为指针式万用表。指针表的优点是读数快，可以直观地观测脉动电压。数字表的电容测试功能可以在制作神经元电路时给电容进行配对。

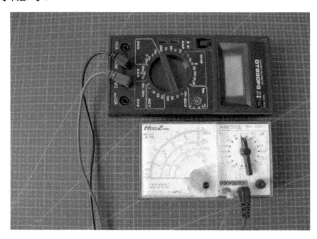

图 9-16　万用表

最后，最重要的一点：**安全第一**！无论是使用手动工具还是电动工具，操作不当都存在一定的危险性，请在相关老师的指导下开展制作，并做好安全防护措施。

第 10 章
仿生机器人的未来

为了适应自然环境的变化，各种各样的生物进化出了神奇的结构和特殊的功能，保证自身在复杂多变的环境中生存下去。为了提高人类对自然界的适应和改造能力，科学家们通过研究、学习、模仿来复制或再造某些生物特性和功能，开发出新型器械装置，在 20 世纪 60 年代由此诞生了一门新的学科——仿生学。经过短短几十年的研究和发展，仿生学取得了非常可观的研究成果，大到军事，小到日常生活，处处可见其身影。那么，未来的仿生机器人又会往什么方向发展呢？这一章就让我们一起来预见仿生机器人的未来吧！

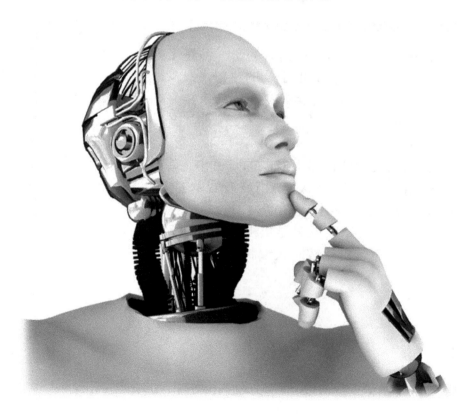

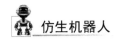

10.1 仿生机器人带来的思考

模仿某些昆虫来制造机器人这项工作并不简单。

首先，需要科学家有善于观察发现昆虫特殊功能的能力。例如，国外有的科学家观察发现，蚂蚁的大脑很小，视力极差，但它的导航能力高超。当蚂蚁发现食物源后回去召唤同伴时，是把这一食物的映像始终存储在它的大脑里，并利用大脑里的映像与眼前真实的景象相匹配的方法，寻原路返回。科学家认为，模仿蚂蚁这一功能，可使机器人在陌生的环境中具有高超的探路能力，如图 10-1 所示。

图 10-1 蚂蚁

其次，无论何时，对仿生机器人的研究都是多方面的，也就是既要发展模仿人的机器人，又要发展模仿其他生物的机器人。机器人问世之前，人们除研究制造自动人偶外，对机械动物非常感兴趣，如诸葛亮制造的木牛流马、现代计算机先驱巴贝吉设计的鸡与羊玩具、法国著名工程师鲍堪松制造的凫水的铁鸭子等，都非常有名。

在仿生机器人向智能机器人发展的时程中，就有人提出"反对机器人必须先会思考才能做事"的观点，并认为，用许多简单的机器人也可以完成复杂的任务。20 世纪 90 年代初，美国麻省理工学院的教授布鲁克斯在学生的帮助下，制造出一批蚊型机器人(图 10-2)，取名昆虫机器人，这些小东西的行为方式和蟑螂十分相近。它们不会思考，只能按照人编制的程序动作。

图 10-2 蚊型机器人

10.2　仿生机器人与人

知识链接

1978 年 9 月 6 日，日本广岛一家工厂的切割机器人在切钢板时，突然发生异常，将一名值班工人当成钢板操作，这是世界上第一宗机器人杀人事件。

1982 年 5 月，日本山梨县阀门加工厂的一个工人，正在调整停工状态的螺纹加工机器人时，机器人突然启动，抱住工人旋转起来，造成了悲剧。

这些触目惊心的事实，给人们使用机器人带来了心理障碍，于是有人展开了"机器人是福是祸"的讨论。面对机器人带来的威胁，日本邮政和电信部门组织了一个研究小组，对此进行研究。专家认为，机器人发生事故的原因不外乎三种：硬件系统故障，软件系统故障，电磁波的干扰。

随着社会的发展，社会分工越来越细，尤其在现代化的大生产中，有的人每天只管拧同一个部位的一个螺母，有的人整天就是接一个线头，像电影《摩登时代》中演示的那样，人们感到自己在不断异化，各种职业病开始产生，如图 10-3 所示。因此，人们强烈希望用某种机器来代替自己工作，于是人们研制出了机器人来代替人完成那些枯燥、单调、危险的工作。由于机器人的问世，一部分工人失去了原来的工作，于是有人对机器人产生了敌意。"机器人上岗，人将下岗。"不仅在我国，即使在一些发达国家如美国，也有人持这种观念。

图 10-3　《摩登时代》剧照

　　其实这种担心是多余的，任何先进的机器设备都会提高劳动生产率和产品质量，创造出更多的社会财富，也就必然提供更多的就业机会，这已被人类生产发展史所证明。任何新事物的出现都有利有弊，只不过利大于弊，很快就得到了人们的认可。例如，汽车的出现不仅夺了一部分人力车夫、挑夫的生意，还常常出车祸，给人类生命财产带来威胁。虽然人们看到了汽车的这些弊端，但它还是成为人们日常生活中必不可少的交通工具。英国一位著名的政治家针对关于工业机器人的这一问题曾说过这样一段话："日本机器人的数量居世界首位，而失业人口最少，英国机器人数量在发达国家中最少，而失业人口居高不下"，这也从另一个侧面说明了机器人是不会抢人饭碗的。

　　这种意外伤人事件是偶然也是必然的，因为任何一个新生事物的出现总有其不完善的一面。随着机器人技术的不断发展与进步，这种意外伤人事件会越来越少，近几年没有再听说过类似事件的发生。正是由于机器人安全、可靠地完成了人类交给的各项任务，人们使用机器人的热情才越来越高。

❓ 想想议议

　　在不久的未来，仿生机器人也许就不再是只出现在实验室中供科学家们研究的摆设，而是在我们日常生活中随处可见。你为这样的时代到来做好准备了吗？到时你还会把它们当成宠物吗？和朋友们交流讨论，谈谈你对未来仿生机器人时代的看法。

美国是机器人的发源地，机器人的拥有量远远少于日本，其中部分原因就是美国有些工人不欢迎机器人，从而抑制了机器人的发展。日本之所以能迅速成为机器人大国，原因是多方面的，但其中很重要的一条就是当时日本劳动力短缺，政府和企业都希望发展机器人，国民也都欢迎使用机器人。由于使用了机器人，日本也尝到了甜头，它的汽车、电子工业迅速崛起，很快占领了世界市场。从现在世界工业发展的潮流看，发展机器人是一条必由之路。没有机器人，人将变为机器；有了机器人，人仍然是主人。

无论是工业机器人还是特种机器人(尤其是服务机器人)都存在一个与人相处的问题，最重要的是不能伤害人。然而，由于某些机器人系统不完善，在机器人使用的前期，引发了一系列意想不到的事故。

"工欲善其事，必先利其器"。人类在认识自然、改造自然、推动社会进步的过程中，不断地创造出各种各样为人类服务的工具，其中许多具有划时代的意义。作为 20 世纪自动化领域的重大成就，机器人已经和人类社会的生产、生活密不可分。世间万物，人力是第一资源，这是任何其他物质不能替代的。尽管人类社会本身还存在着不文明、不平等的现象，甚至还存在着战争，但是社会的进步是历史的必然，所以完全有理由相信，像其他许多科学技术的发明和发现一样，机器人也应该成为人类的好助手、好朋友。

我国自动化控制与机器人技术专家、中国工程院院士王天然在 2015 年 4 月 13 日召开的"2015 国家机器人发展论坛"上表示，新一代机器人本质特征是"与人共融"。新一代机器人要和人处在同一自然空间，与人自然交互，配合人的需求，学习人的技能，与人协调互补，并确保人、机、物的安全。他推断，未来机器人与人的关系将由现在的"奴仆-主人"向"合作伙伴"转变。另外，现有的工业机器人存在种种弊端，如无法与工人高效交流、缺乏本质安全机制、在线感知能力远低于人、无法接收抽象命令、操作灵活性无法与人配合。王天然认为，未来，工业机器人将走下神坛，成为生产系统中的一个部件，实现"即连即用"。工业机器人将更灵活地变更作业，更快地编写程序，灵活地移动和更快组成新的工作单元，费用也将更加便宜。

对于另一主要类型的机器人——服务机器人，王天然说，"全球服务机器人未能如 15 年前预期的那样发展"。这主要是因为缺乏实时可靠的人机双向信息交互，如机器人无法准确识别人体的运动意图，人也无法灵活调整机器人的运动；同时，机器人也无法提供与人体运动匹配的运动性能，柔顺性、运动协调性、人体舒适度比较差；另外，还缺乏高效、高密度能源及动力装置。

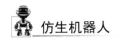

10.3 仿生机器人的发展前景

自然界中生物体的多样性、复杂性和灵敏性是自然环境与亿万年时间进化的结果。人类在工程领域对生物的模仿或许在某个方面会超过生物体，但从总体上来说，在同一环境下，人类只能逐步接近而但不能超越这些大自然的生灵。

随着科技的进步，仿生机器人会往以下这几个方向发展。

1. 群体型机器人

在自然界中有着众多不是独立生存的生物，它们靠着一门属于自己的社交语言和其他的个体组成一个集体一起生活，并借着集体的力量去完成个体很难或者无法办到的事情，如生活中常见的蚂蚁和蜜蜂等。蜜蜂群体(图 10-4)分工明细，效率极高。

图 10-4 蜜蜂群体分工明细，效率极高

因此，如果我们能够借鉴生物间的这种生存方式去制造群体型的机器人，那么在机器人这条道路上将会有一个质的飞跃，看到另一片新的天地。群体型机器人相对于单个机器人的优势体现在哪里呢?首先，由于群体型机器人彼此之间会有信息的交流和互动，单个个体的结构和性能复杂程度将会得到明显降低，因为它们可以通过群体的协调来弥补这些不足。其次，群体型机器人在执行任务时，

完成任务的概率要比单个机器人大很多，同时还能够减少完成任务的时间，提高完成任务的效率，这些都是我们一直以来所要追求的。再者，群体型机器人通过彼此之间的联系，可以达到预测未知状况的目的，这样的一种能力对完成任务来说有着举足轻重的作用。因此，群体型机器人在未来的机器人发展中是一种必然的趋势。但是，伴随着群体型机器人而来的问题是它们彼此之间的"语言"问题，要做到每个个体之间能实现信息的交流互动，以及对信息处理后做出相应的动作，这里面的技术含量还是很大的。尽管如此，随着现在通信技术这股突飞猛进的势头，在不久的将来，这将成为一件游刃有余的事情。

2. 多环境适应型机器人

目前，不论是地面机器人、水上机器人还是飞行机器人，都只能在一种环境中工作。然而，在诸多实际工作情况下，人们更多地需要能适应不同环境的机器人，以达到更高的执行效率和更好的执行能力。例如，我们熟悉的各种昆虫就具备多种环境适应能力，它们既能在天空中飞，又能在地上行走，还能靠轻盈的体态和四足在水面上滑行。这为人们研发多环境适应型机器人提供了启示。

在我们的生活中，主要使用到的交通工具有地面上跑的汽车、水上游的轮船和天上飞的飞机，飞机又分为翼展型飞机和旋翼型飞机。通过观察这三种习以为常的交通工具，我们可以发现，它们的驱动方式十分相似，主要是通过电机驱动一个旋转状的装置；而最大的不同点是它们的运动部件，汽车通过外轮的转动来行驶，而飞机和轮船是通过内部的旋翼转动来推进。基于此，如果我们将机器人的外形做成流线型，然后使其运动工具可以改变方向的话，那么一款适应海陆空环境的机器人应该是可以就此实现的。在此基础上，如果将轮部结构稍加改动，它还可以转化成一种可以行走的四足机器人，这样机器人便可以适应更复杂的地面结构，实现更多的功能。

知识链接

蔡鹤皋，1934 年出生于长春，原籍北京，中国工程院院士，我国工业机器人技术专家，哈尔滨工业大学机电工程学院博士生导师。1985 年，蔡鹤皋研制成功我国第一台弧焊机器人和点焊机器人，解决了机器人轨迹控制精度及路径预测控制等关键技术难题，在空间机器人和智能机器人方面，取得了机器人机构仿真、机器人力控制、机器人宏/微控制、多传感器智能手爪、力控机器人末端执行器系统、纳米级微驱动技术、柔性臂及其控制以及机器人多指灵巧手等多项研究成果，为发展我国机器人技术做出了重大贡献。

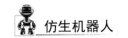 仿生机器人

想想议议

请仔细观察身边都有什么样的机器人，这些机器人给人们生活带来了怎样的变化？查阅资料，搜索自己感兴趣的机器人，并了解它们是怎样影响人类生活的，然后给大家分享你自己的见解。

如果一个机器人拥有了这种多环境的工作能力，那么其本身的局限性将得到很大的改善，同时与研制多台单环境下的机器人相比，其经费将会明显降低，所以多环境机器人在未来的机器人发展中也是一条必经之路。

3. 学习型机器人

自然界中的多种生物具有的一个特点是能够从祖辈以及周围的环境中得到某些信息并将其转化为以后生活的一种技能，也就是具有学习的能力，这在我们人类身上最能够体现出来，因为有了这种技能，生物自身才有可能不断向前发展。由此可以看出，学习这种技能对生物的发展具有重要的意义。如果机器人本身也具有学习能力，机器人本身的能力就能够随着它接触事物的增多以及学习知识的积累而不断提高，其本身的自适应能力、工作能力等都会得到大幅度的提升。基于这种情况，机器人本身所具有的工作潜力就不是现在我们对于机器人的认识能够看得清的了，那样的机器人将给我们的生活带来不一般的改变。目前，虽然已经在研发学习型机器人，但是成果还远远不够，其学习能力的发挥还完全没有达到初级层次。而随着计算机技术、算法等的不断进步，学习型机器人一定能够突飞猛进，达到一个新的高度。

随着科技的发展，机器人的应用越来越广泛。同时，随着机器人作业环境的复杂化，要解决机器人面临的问题，必须向自然界学习，从自然界为人类提供的丰富多彩的实例中寻求解决问题的途径，在对自然界生物的学习、模仿、复制和再造的过程中，发现和发展相关的理论和技术方法，使机器人在功能和技术层次上不断提高。仿生机器人作为机器人家族中的重要成员，由于其高度灵活性和柔性、高度的易复制性以及在军事、娱乐和服务等方面的重要性，已经成为 21 世纪机器人研究的热点，必将出现更多的种类，也将得到更深入的应用。

知识链接

"人工智能"这个词是 1956 年计算机学家约翰·麦卡锡在国际计算机峰会上提出的。而大洋彼岸人工智能的祖师——艾伦·麦席森·图灵曾与他互通书信，共同探索机器人的未来。因此，现代机器人技术自诞生起就和计算机、人工智能、控制论、系统论、信息论等学科交织发展，互相推动。

人工智能是对人的意识、思维的信息过程的模拟。人工智能不是人的智能，但能像人那样进行思维活动，也可能超过人的智能。人工智能是十分广泛的科学，它由不同的领域组成，如机器学习、计算机视觉等，总的说来，人工智能研究的一个主要目标是使机器能够胜任一些通常需要人类智能才能完成的复杂工作。但不同的时代、不同的人对这种"复杂工作"的理解是不同的。

被誉为"计算机科学之父"和"人工智能之父"的图灵(图 10-5)和同事破译的情报，在盟军诺曼底登陆等重大军事行动中发挥了重要作用，图灵因此在 1946 年获得"不列颠帝国勋章"。历史学家认为，他让二战提早了 2 年结束，至少拯救了 1400 万人的生命。同时他也是计算机逻辑的奠基者，提出了"图灵机"和"图灵测试"等重要概念。美国计算机协会(ACM)1966 年设立的以其姓氏命名的"图灵奖"是计算机界最负盛名和最崇高的一个奖项，有"计算机界的诺贝尔奖"之称。

图 10-5　艾伦·麦席森·图灵(Alan Mathison Turing)

随着科技的发展，机器人应用越来越广泛。仿生机器人作为机器人家族中的重要成员，具有高度的灵活性和柔性，还具有高度的易复制性，这就决定了仿生机器人在 21 世纪必将出现更多的种类，仿生机器人也将得到更深入的应用。

🖋实践园

如果一个机器人在人类世界里生活了足够长的时间，它是否有可能变成一个人类的"他"呢？Martin 一家买了一个机器仆人，取名为 Andrew。Andrew 很快便对 Martin 一家人有了相当的了解，同时 Martin 一家也开始怀疑 Andrew 并不是一个普通意义上的机器人：他会表达感情，能自主思考，更重要的是，他和人待在一起的时间越长，身上这些人类的特性就越明显。随后的两百年里，Andrew 在与那些企图销毁他的人周旋的过程中，人类的成分更多，而机器的成分渐少。

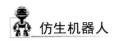

但他始终是一个机器人，直到遇上一个机电专家，被告知他有希望变成真正的人类……

观看图 10-6 中的影片《机器人管家》，看完之后可以和朋友们交流感受。

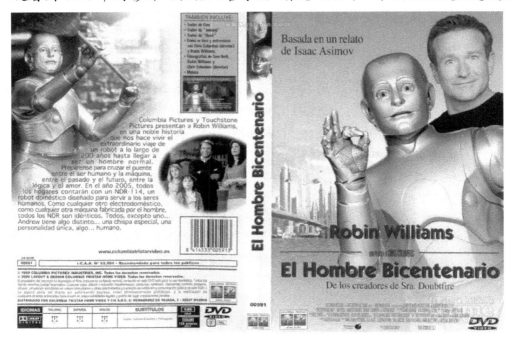

图 10-6 　《机器人管家》海报

参 考 文 献

陈恳, 付成龙, 2010. 仿人机器人理论与技术[M]. 北京: 清华大学出版社.

陈汝佳, 2014. 轮式人形家庭服务机器人设计与实现[D]. 成都: 电子科技大学.

何克抗, 李文光, 2009. 教育技术学[M]. 2 版. 北京: 北京师范大学出版社.

彭绍东, 2002. 论机器人教育(上)[J]. 电化教育研究, (6): 76-79.

齐丙辰, 大川善邦, 高平, 2000. 现代教育技术的新领域——机器人辅助教育[J]. 机器人技术与应用, (1): 5-7.

吴洁, 何花, 周波, 2006. 浅谈教育机器人[J]. 中国教育技术装备, (7): 14-17.

张剑平, 王益, 2006. 机器人教育: 现状、问题与推进策略[J]. 中国电化教育, (23): 65-69.

赵炜, 2017. 基于建构主义的机器人辅助教学系统研究[D]. 重庆: 重庆师范大学.

周涛, 1993. 模仿生命——仿生技术及其应用[M]. 海口: 海南出版社.